Antonio José Torres Martínez

Optimización de distribución física y redes de transporte: ejercicios resueltos

edUPV

Universitat Politècnica de València

Colección *Académica http://tiny.cc/edUPV_aca*

Para referenciar esta publicación utilice la siguiente cita:
Torres Martínez, Antonio José (2025)
Optimización de distribución física y redes de transporte: ejercicios resueltos. edUPV

ISBN: 978-84-1396-338-9
Depósito Legal: V-3712-2025

Imprime: Byprint Percom, S. L.

Si el lector detecta algún error en el libro o bien quiere contactar con los autores, puede enviar un correo a edicion@editorial.upv.es

edUPV se compromete con la ecoimpresión y utiliza papeles de proveedores que cumplen con los estándares de sostenibilidad medioambiental https://editorialupv.webs.upv.es/compromiso-medioambiental/

Impreso en España

Dedicado a Emilia y Jorge

Índice

Introducción

La presente colección de *Ejercicios resueltos de técnicas de optimización de distribución física y redes de transporte* tiene como principal objetivo servir de instrumento para el alumnado de las siguientes asignaturas que se imparten en la Universitat Politècnica de València:

- Logística y Transporte de Mercancías, asignatura obligatoria del Máster Universitario en Transporte, Territorio y Urbanismo, que se imparte en la ETS de Ingenieros de Caminos, Canales y Puertos.

- Explotación del Transporte Aéreo y Organización Aeronáutica, asignatura obligatoria del Máster Universitario en Ingeniería Aeronáutica y asignatura optativa del Máster Universitario en Ingeniería en Movilidad Eléctrica, que se imparte en la ETS de Ingeniería Aeroespacial y Diseño Industrial.

- Gestión y Regulación del Transporte Aéreo, asignatura obligatoria de Grado en Gestión del Transporte y la Logística, que se imparte en la ETS de Ingenieros de Caminos, Canales y Puertos.

Las 3 asignaturas están a cargo del Departamento de Ingeniería de los Transportes y del Terreno.

En estas asignaturas se pretende ofrecer al alumnado una base suficiente para resolver los problemas logísticos en los que interviene el transporte, en particular la distribución física y las redes de transporte, en los diferentes modos: carretera, ferrocarril, marítimo y aéreo. En esta base, cierto dominio de las técnicas matemáticas de optimización es importante.

El planteamiento de estos problemas suele ir asociado a la búsqueda de un uso más eficiente de los recursos materiales y humanos en el transporte. Las técnicas de optimización contribuyen a satisfacer las cada vez mayores exigencias de productividad, eficiencia económica, ahorro de los recursos energéticos consumidos por el transporte (buena parte de ellos no renovables), y limitación de las emisiones contaminantes.

La experiencia docente del autor en la aplicación de las técnicas de optimización al transporte, desde hace 25 años, muestra que bastantes alumnos encuentran dificultades para dominarlas adecuadamente. En clase se pueden resolver pocos ejercicios por la limitación del tiempo disponible. Existe por lo tanto una demanda de ejercicios complementarios resueltos, también para diferentes modos de transporte. De aquí viene la necesidad y el valor para el aprendizaje de esta colección, que proporciona una recopilación amplia de problemas de distribución, con y sin redes físicas de transporte implicadas. El hecho de considerar o no el aspecto de red explica las dos partes separadas de la colección, aunque hay problemas que pueden resolverse desde ambas perspectivas.

Se pretende ofrecer al alumno no solamente la solución por ordenador, sino también la explicación detallada de los planteamientos y en muchos casos vías alternativas para abordar los ejercicios y consejos prácticos para aumentar las garantías de encontrar soluciones óptimas en problemas similares. Se proponen ejercicios de transporte intermodal, por la importancia de la intermodalidad en el transporte de mercancías y la necesidad de que los alumnos comprendan la optimización del transporte desde la perspectiva de la logística, que estudia las cadenas de transporte completas de origen a destino.

La recopilación de estos ejercicios tiene como antecedentes las publicaciones siguientes:

- *Técnicas de optimización en la logística del transporte – Ejercicios*. Editorial Universitat Politècnica de València, 2007
- *Colección de problemas resueltos de logística del transporte*. Editorial Univeristat Politècnica de València, 2009

Estas publicaciones fueron instrumento de trabajo para el alumnado de la asignatura obligatoria Transporte y Logística, de la especialidad Transporte, Urbanismo y Ordenación del Territorio, de la ETS de Ingenieros de Caminos, Canales y Puertos de la UPV, y del Máster de Transporte, Territorio y Urbanismo de la UPV (plan de estudios que se extinguió en el curso 2013-2014).

A partir de aquellas publicaciones se han actualizado los ejercicios más representativos de distribución física y redes de transporte y se han añadido nuevos ejercicios que amplían el ámbito de aplicación de estas técnicas, como, por ejemplo, la optimización de la distribución de la ayuda humanitaria o la de recogida y vertido de residuos sólidos urbanos.

Se pretende en esta colección ofrecer al alumnado no solamente una recopilación de ejercicios resueltos, sino también las explicaciones detalladas de las soluciones, su relación con los contenidos teóricos expuestos en clase y una serie de consejos prácticos para abordar los diferentes tipos de problemas con mayores garantías de acierto.

La solución numérica es fundamental para el ejercicio profesional dentro de este ámbito. El primer paso para dominarla consiste en ser capaz de resolver problemas relativamente sencillos, para poder abordar en el futuro los problemas logísticos reales, más complicados y, sobre todo, de mucha mayor dimensión.

El conocimiento de las técnicas de optimización en el transporte permite a quienes se están formando como profesionales calibrar si el coste, el tiempo o los recursos humanos propuestos por una empresa especializada son adecuados, resultan insuficientes o desorbitados. Esta apreciación profesional es valiosa, teniendo en cuenta la importancia económica de muchos problemas logísticos (por ejemplo, la distribución de hidrocarburos o los servicios de mensajería y paquetería). La aplicación de las técnicas de optimización a otros ámbitos profesionales más allá del transporte (organización y gestión de empresas, procedimientos de construcción, etc.) es un beneficio a tener en cuenta. No se sabe hasta qué punto son útiles estas técnicas hasta que se conocen.

Los problemas que se abordan en esta colección se clasifican en dos grupos:
1. Problemas de distribución física.
2. Problemas de redes.

Otros problemas que se abordaron en las dos publicaciones citadas anteriormente son las rutas de reparto, la gestión de *stocks* ligada al transporte, la localización óptima de almacenes y centros de distribución, etc. Por razones de temario de las asignaturas objetivo, este trabajo no se ocupa de estos problemas.

Desde el punto de vista matemático, los problemas de optimización de los grupos anteriores pueden ser clasificados en:
1. Problemas lineales (LP), en los que la función objetivo a maximizar o minimizar es lineal, al igual que las restricciones del problema, si existen.
2. Problemas no lineales, clasificados en:

    2.1. Problemas cuadráticos (QP), en los que la función objetivo es cuadrática y las restricciones lineales. Si las restricciones son también cuadráticas se trata de problemas de optimización cónica (SOCP).

    2.2. Problemas enteros o mixtos (MIP), en los que todas o parte de las variables son enteras, con función objetivo y restricciones lineales.

    2.3. Problemas no lineales continuos (*smooth*) (NLP), en los que la función objetivo y las restricciones son continuas con derivadas también continuas.

    2.4. Problemas no lineales discontinuos (*non-smooth*) (NSP), los que no se encuentran en las categorías anteriores.

Desde el punto de vista de su facilidad de solución, los problemas se pueden clasificar en convexos y no convexos. En los primeros, la región factible delimitada por las restricciones es convexa, así como la función a minimizar (o cóncava la función a maximizar). En estos problemas, sólo hay un óptimo global (si existe). Pueden ser resueltos de forma eficiente para un número muy elevado de variables. En los problemas no convexos, la función objetivo o alguna restricción son funciones no convexas. Estos problemas pueden tener múltiples regiones factibles y múltiples óptimos locales. El tiempo que lleva su solución es exponencial con el número de variables o de restricciones; ya sea para saber si hay o no soluciones factibles, o si un óptimo local es también el óptimo global del problema.

Todos los problemas lineales son convexos. Lo son algunos cuadráticos y no lineales continuos. No son convexos los problemas enteros o mixtos (que abundan en el transporte), ni los no lineales discontinuos.

Se ofrecen vías alternativas de solución en varios ejercicios. En general, los problemas de optimización pueden plantearse de diferentes maneras. A veces, estos planteamientos son equivalentes en cuanto a su dificultad de solución por ordenador. Otras veces no, y una alternativa es más ventajosa en tiempo de computación, o incluso permite llegar a la solución con mucha más facilidad (problemas lineales), mientras que otra es más lenta, o no garantiza la convergencia a un óptimo global. La solución de los ejercicios no es exhaustiva, en el sentido de que pueden existir otras vías de solución. En este sentido, el autor agradece toda sugerencia relativa a este trabajo.

A continuación se presentan los ejercicios ordenados según la primera clasificación citada más arriba, con su solución planteada y los hipervínculos que conducen a su solución numérica en hojas de cálculo de Microsoft Excel (los archivos de Excel y el archivo de Word con el texto completo se pueden descargar con el QR que se suministra en la publicación) Esta solución se realiza con la herramienta SOLVER, que es un complemento gratuito de Microsoft Excel desarrollado por Frontline Systems Inc., que incorpora diversos algoritmos numéricos de solución de problemas tanto lineales como no lineales por ordenador. Se utiliza esta herramienta tanto por su calidad como por su facilidad de uso y acceso por parte de todo el alumnado.

Finalmente, no está de más recordar que estas técnicas son beneficiosas si se usan con un buen fin. Pueden ser nocivas, por ejemplo, cuando se emplean para optimizar los resultados económicos de las empresas ignorando los efectos sociales negativos de las posibles actuaciones (supresión de empleos, deslocalización de factorías y almacenes, posibles fraudes, etc.).

1. Ejercicios de distribución física

Ejercicio 1

Se pretende optimizar el transporte de distribución por carretera de cierto producto, para cierto mes del año, desde varios almacenes con localización prefijada hasta los centros de demanda del producto.

Los almacenes se sitúan en Guadalajara, Tarragona y en las ciudades más pobladas de 2 de las 10 zonas listadas a continuación:

0 Cantabria	5 León
1 Andalucía oriental	6 Murcia
2 Aragón	7 Extremadura
3 Castilla-La Mancha	8 Galicia
4 Castilla-León (sin León)	9 País Vasco

La numeración de estas dos zonas coincide con las últimas 2 cifras del DNI del alumno-a: (si se repiten tomar la cifra anterior)

La demanda es proporcional a la población (1000 habitantes = 1 t/mes) y se supone concentrada en Madrid, Barcelona, Valencia, Sevilla y en las ciudades más pobladas de las 4 zonas cuya numeración coincide con las 4 primeras cifras del DNI del alumno-a (si hay cifras repetidas, se consideran menos zonas).

Las distancias se miden por carretera (rutas con distancia mínima). El coste de transporte se estima sabiendo que cada viaje de camión cuesta $(70 + D)$ EUR, siendo D la distancia a transportar. El camión tiene una carga máxima de 16 toneladas y el coste de los retornos no corre a cargo de la empresa productora.

La producción global supera a la demanda del mes considerado en un 10 %, para garantizar un *stock* de seguridad, que se reparte proporcionalmente a las cantidades servidas por cada almacén. La dimensión mínima económica de los almacenes en origen es de 400 t, y su dimensión máxima (por problemas de coste y espacio), de 2500 t. Por estrategia de distribución de la empresa, se almacena en este mes como media el *stock* de seguridad + 1/4 de la cantidad mensual transportada desde el almacén.

a) Resolver el problema mediante la utilización del método simplex (SOLVER). Estimar la dimensión óptima de los almacenes y área de reparto de cada uno. Interpretación de las variables *slack y surplus*. ¿Qué medidas cabría tomar para mejorar la distribución?

b) Resolver el problema planteado con variables enteras. ¿Cambia la solución de forma significativa en este caso? Se impone un mínimo de dos camiones al mes para poder expedir carga a cierto destino.

7

c) Se considera que la tarifa por viaje se reduce (R, en %) en función de la carga mensual transportada en toneladas, según la expresión, ajustada a partir de tarifas reales:

$$R = 0,5 \; X^{0.46} \qquad\qquad (r^2 = 0,94)$$

Además, se considera en este caso que el almacenamiento tiene un coste que depende de la cantidad media almacenada Q en toneladas, según la expresión: C= 4000 + Q

Resolver el problema mediante el método de programación no lineal GRG (SOLVER-EXCEL). Comprobar mediante muestreo que se trata de un mínimo global y no solamente local. Comparar el resultado con la solución del problema lineal. ¿Introducen la no linealidad y el coste del almacenamiento diferencias significativas?

Discutir la aplicabilidad del método de los multiplicadores de Lagrange a este problema no lineal.

Solución

Apartado a)

Tomemos el DNI siguiente: 73751378. Los almacenes estarán en Guadalajara, Tarragona, Badajoz (7) y A Coruña (8). La demanda se situará en Madrid, Barcelona, Valencia, Sevilla, Badajoz (7), Albacete (3) y Salamanca (5).

Se trata de encontrar el coste mínimo de distribución:

$$Min \; C = \sum_i \sum_j (70 + D_{ij})X_{ij}/16 \qquad (i = 1, 2, 3, 4; j = 1,..., 7)$$

Siendo D_{ij} la distancia entre el almacén i y el centro de demanda j; y X_{ij} la cantidad transportada en t/mes entre i y j.

Las restricciones son:

Consumo (7):

$$\sum_i X_{ij} = K_j$$

Siendo K_j la demanda de cada centro j.

Almacenamiento (8):

$$\sum_j 0,35 X_{ij} \geq 400$$

$$\sum_j 0,35 X_{ij} \leq 2500$$

Valores positivos (28): $X_{ij} \geq 0$

La producción de cada centro no es conocida, depende de la solución del problema, por eso no aparecen restricciones de producción en el planteamiento anterior.

El problema es lineal. Si se plantea en variables reales (aplicación del método simplex), la solución no es exacta puesto que $X_{ij}/16$ es un valor entero y aquí lo consideramos un número real. Esta simplificación no debe de afectar apenas al resultado, puesto que X_{ij} son valores elevados. Comprobaremos el posible impacto en el resultado real en el Ejercicio 2.

Buscar la solución del problema en SOLVER

http://tiny.cc/297_94_1_EJER1_a

El resultado es el siguiente:

$$Cmin = 115\,560,52 \text{ €/mes}$$

$$X_{ij} \text{ (t/mes)} =$$

	Madrid	Barcelona	Valencia	Sevilla	Badajoz	Albacete	Salamanca
Guadalajara	1777,2857	0	0	0	0	0	0
Tarragona	0	1504	738	0	0	0	0
Badajoz	174,85714	0	0	685	134	149	0
A coruña	986,85714	0	0	0	0	0	156

La dimensión óptima de los almacenes (t) es igual al 1.° término de las restricciones de almacenamiento, para cada almacén:

Guadalajara	622,05
Tarragona	784,7
Badajoz	400
A coruña	400

Observando X_{ij}, las 4 áreas de reparto son:

Las variables *slack* son la diferencia entre la dimensión de cada almacén y su posible capacidad máxima (2500 t). Las variables *surplus* son la diferencia entre la dimensión de cada almacén y su posible capacidad mínima (400 t).

En cuanto a qué medidas cabría tomar para mejorar la distribución, es preciso dirigirse al informe de sensibilidad que ofrece SOLVER. La celda que más contribuye al incremento del coste es el transporte A Coruña-Madrid. Si se pudiera eliminar este almacén, la reducción del coste sería la mayor. En efecto, tras calcular con SOLVER resulta lo siguiente:

$$Cmin = 76\ 534,88\ €/mes$$

$$X_{ij}\ (t/mes) =$$

	Madrid	Barcelona	Valencia	Sevilla	Badajoz	Albacete	Salamanca
Guadalajara	2920,1429	0	0	0	0	0	0
Tarragona	0	1504	738	0	0	0	0
Badajoz	18,857143	0	0	685	134	149	156

La dimensión óptima de los almacenes (t) sería:

Guadalajara	1022,05
Tarragona	784,70
Badajoz	400,00

Apartado b)

El problema planteado en variables enteras es más realista, puesto que se paga por viajes de camión y no por toneladas. Veamos si la solución cambia significativamente con respecto al problema lineal con variables reales.

El planteamiento es similar al expuesto en el Ejercicio 1:

$$Min\ C = \sum_i \sum_j (70 + D_{ij})X_{ij} \qquad (i = 1, 2, 3, 4; j = 1,..., 7)$$

Siendo D_{ij} la distancia entre el almacén i y el centro de demanda j; y X_{ij} la cantidad de transporte en camiones por mes entre i y j.

Las restricciones son:

Consumo (7):

$$\sum_i X_{ij} = red(K_j/16)$$

Siendo K_j la demanda de cada centro j, y la función *red(X)* aquella que redondea el valor X al entero mayor más próximo a X. Esta función no es continua y, en la medida de lo posible, hay que evitar incluirla en los cálculos con el SOLVER. En este caso, se aplica a valores que son datos y no ocasiona ningún problema.

Almacenamiento (8):

$$\sum_j 0{,}35X_{ij}\ 16 \geq 400$$

$$\sum_j 0{,}35X_{ij}\ 16 \leq 2500$$

Valores positivos (28): $X_{ij} \geq 0$

Cambia la declaración de variables enteras en las restricciones de los parámetros de SOLVER y, por lo tanto, el algoritmo de solución, que será en este caso el método de «Branch and bound». Como la dimensión del problema es pequeña, la solución óptima se alcanza con relativa facilidad, aunque de forma incomparablemente más lenta que con el «simplex» (1 minuto de tiempo de computación). Sabemos, no obstante, que el problema no es convexo y, por lo tanto, sólo tenemos garantías de haber alcanzado un óptimo local. Habría que probar de forma sistemática con suficientes valores de partida de X_{ij} para estar razonablemente seguro de haber alcanzado un óptimo global. No obstante, en este caso la diferencia de coste entre óptimos locales es muy pequeña.

Por otro lado, se impone un mínimo de dos camiones al mes para poder expedir carga a cierto destino. Es decir: $X_{ij} \neq 1$. Esta expresión no puede representarse directamente en forma de restricción en SOLVER; es preciso aplicar un procedimiento iterativo:

a) Resolver el problema planteado más arriba.

b) Si $X_{ij} \neq 1$ se ha llegado a un óptimo local que cumple la condición del enunciado. Si no es así, impondremos que $X_{ij} = 0$ para los *(i,j)* tales que $X_{ij} = 1$ y volveremos a resolver el problema en variables enteras, tomando como valores de partida la solución de a). Este resultado es suficientemente bueno, aunque para afinar sería preciso probar todas las combinaciones posibles de estos *(i,j)* imponiendo tanto $X_{ij} = 0$ como $X_{ij} = 2$. A efectos prácticos la solución anterior es aceptable.

c) Se ha de comprobar que, tras esta 2.° iteración, $X_{ij} \neq 1$.

En la hoja de SOLVER llamamos «ENTERO1» a la hoja del paso a) y «ENTERO2» a la hoja del paso b). El paso c) se comprueba en «ENTERO2».

Buscar la solución del problema en SOLVER

http://tiny.cc/297_94_1_EJER1_b

■ En el paso a);

$$Cmin = 116\,979 \text{ €/mes}$$

$$X_{ij} \text{ (camiones/mes)} =$$

	Madrid	Barcelona	Valencia	Sevilla	Badajoz	Albacete	Salamanca
Guadalajara	113	0	0	0	0	0	0
Tarragona	0	93	47	0	0	0	0
Badajoz	11	0	0	43	9	9	0
Coruña	60	1	0	0	0	1	10

Se aprecia que 2 elementos de la matriz son iguales a 1. Se procede entonces a dar el paso siguiente.

■ En el paso b):

$$Cmin = 116\ 451\ €/mes$$

$$X_{ij}\ (camiones/mes) =$$

	Madrid	Barcelona	Valencia	Sevilla	Badajoz	Albacete	Salamanca
Guadalajara	112	0	0	0	0	0	0
Tarragona	0	94	47	0	0	0	0
Badajoz	8	0	0	43	9	10	2
Coruña	64	0	0	0	0	0	8

Se cumple la comprobación de c).

Se aprecia que todos los elementos de la matriz son distintos a 1. Por lo tanto, los pasos b) y c) no son necesarios, aunque pueden serlo para cualquier otro DNI, o incluso si se comienza por otra solución de partida que la aportada por el problema en variables reales.

Con respecto al apartado a) de este ejercicio, el coste obtenido es prácticamente el mismo. Para comparar la solución, la convertimos en toneladas y resulta:

$$X_{ij}\ (t/mes) =$$

	Madrid	Barcelona	Valencia	Sevilla	Badajoz	Albacete	Salamanca
Guadalajara	1792	0	0	0	0	0	0
Tarragona	0	1504	752	0	0	0	0
Badajoz	128	0	0	688	144	160	32
Coruña	1024	0	0	0	0	0	128

Que es una solución muy parecida a la obtenida utilizando el «simplex». La diferencia total entre ambas soluciones en % es muy pequeña:

$$Diferencia(\%) = 100 \frac{\sum_{ij} |X_{ij} - X_{ij}*|}{\sum_{ij} X_{ij}} = 1{,}2\%$$

Apartado c)

Dada que la solución del problema lineal en variables enteras es muy parecida a la solución en variables reales, plantearemos el problema no lineal en variables reales para facilitar la ejecución con SOLVER. Veremos si la solución cambia significativamente con respecto al problema lineal.

El planteamiento es similar al expuesto en el Ejercicio 1. Las restricciones no cambian, solamente varía la función objetivo:

$$Min\ C = \sum_i \sum_j (70 + D_{ij})(X_{ij}/16)(1 - 0.5X_{ij}^{0.46}/100) + \sum_i \sum_j 0.35X_{ij} + 16\,000$$

Siendo en esta ocasión X_{ij} la cantidad de transporte en toneladas/mes entre *i* y *j*.

El problema es no lineal con funciones «*smooth*», es decir, con derivadas continuas (tipo NLP). No sabemos, a priori, si es convexo. Para asegurarnos de que encontramos un óptimo global, deberemos proceder por tanteos como se indica en el enunciado del problema. O bien podemos proceder a aplicar el test de convexidad que se halla en versiones avanzadas del SOLVER y, si es positivo, limitarnos a ejecutar el programa una sola vez.

En el cuadro «opciones» de SOLVER elegimos que el modelo es no lineal, y partimos de una estimación inicial de las variables de tipo lineal (extrapolación lineal de un vector tangente). Para especificar la diferencia que se utiliza para estimar las derivadas parciales del objetivo se parte de derivadas progresivas, que son las que se utilizan en la mayor parte de los problemas. En cuanto al algoritmo que se utiliza, partiremos de un método tipo Newton que requiere más memoria (no es problema en este caso) pero menos iteraciones que el de gradiente conjugado. En este caso, para los problemas NLP, el SOLVER estándar para EXCEL aplica el método GRG (gradiente reducido generalizado), como se pide en el enunciado. Partiremos inicialmente de la solución del problema lineal, usando escala automática.

La solución óptima (en principio un óptimo local) se alcanza con gran rapidez, en comparación con la solución para variables enteras.

Buscar la solución del problema en SOLVER

http://tiny.cc/297_94_1_EJER1_c

El resultado es el siguiente:

$$Cmin = 120\,632{,}8\ \text{€/mes}$$
$$X_{ij}\ (\text{t/mes}) =$$

	Madrid	Barcelona	Valencia	Sevilla	Badajoz	Albacete	Salamanca
Guadalajara	1777,286	0	0	0	0	0	0
Tarragona	0	1504	738	0	0	0	0
Badajoz	174,8571	0	0	685	134	149	0
Coruña	986,8571	0	0	0	0	0	156

Que es la misma solución que para el problema lineal. Luego la no linealidad y el coste del almacenamiento no introducen diferencias significativas.

En la hoja de EXCEL se han realizado varios tanteos con otros valores iniciales de X_{ij}.

Se producen frecuentes errores si los valores de partida se alejan de la solución del problema lineal. El programa no es capaz de encontrar soluciones factibles para la configuración de orígenes y destinos escogida.

En cuanto a la aplicabilidad del método de los multiplicadores de Lagrange, sabemos que este método se puede utilizar para resolver problemas no lineales cuando todas las restricciones son igualdades. No es este nuestro caso. Sólo podríamos aplicarlo si se ignorasen las restricciones de almacenamiento.

Se trataría entonces de construir la función lagrangiana L siguiente:

$$L = \sum_i \sum_j (70 + D_{ij})(X_{ij}/16)(1 - 0,5X_{ij}^{0,46}/100) +$$

$$\sum_i \sum_j 0,35X_{ij} + 16\,000 + \sum_j l_j \left(K_j - \sum_i X_{ij}\right)$$

En donde l_j serían constantes (desconocidas) denominadas *multiplicadores de Lagrange*. Debería entonces resolverse el sistema de ecuaciones no lineales (35 ecuaciones y 35 incógnitas):

$$\partial L/\partial X_{ij} = 0 \qquad\qquad \partial L/\partial l_j = 0$$

Cuya solución plantea, en principio, más dificultades prácticas que el método GRG de SOLVER.

Ejercicio 2

Una compañía debe suministrar petróleo a los puertos de África del Oeste de Abidján (Costa de Marfil), Tema (Accra–Ghana), Lomé (Togo) y Cotonou (Benin) desde las terminales petrolíferas de Port Harcourt (Nigeria) y Douala (Camerún) mediante transporte marítimo de cabotaje a causa del coste y de los problemas de circulación terrestre. Las distancias aproximadas son (millas náuticas):

1	2	3	4	5	6
1	300	400	500	800	1000
2		120	220	500	710
3			120	450	660
4				400	610

La demanda en el período de tiempo considerado es, en miles de barriles: Abidján–400, Tema (Accra)–500, Lomé–300, Cotonou (Porto-Novo)–300. Se dispone para el transporte de pequeños petroleros en Port Harcourt con capacidad 100 000 barriles y en Douala con capacidad 50 000 barriles. Port Harcourt debe suministrar como máximo el doble de demanda que Douala. El coste de transporte por cada barril y 1000 millas náuticas es 0,2 € en los petroleros de Port Harcourt y 0,25 € en los petroleros de Douala. Se supone que cada petrolero puede descargar en varios destinos.

Se planteará el problema completo de optimización para hallar los flujos de distribución que permiten minimizar el coste total de transporte. Se resolverá dicho problema en SOLVER.

Determinar:

1. ¿De qué tipo de problema se trata y por qué? ¿Lineal o no lineal? ¿De variables reales o enteras/mixtas? ¿Permite SOLVER hallar el óptimo global?

2. Las rutas que siguen los petroleros que salen de Port Harcourt antes de volver a su puerto de origen, cuántos barriles cargan y cuántos barriles descargan en cada puerto.

3. Las rutas que siguen los petroleros que salen de Douala antes de volver a su puerto de origen, cuántos barriles cargan y cuántos barriles descargan en cada puerto.

4. ¿Cuánto vale el coste mínimo de distribución, total y desde cada puerto de origen?

Solución

Los esquemas de flujos de distribución son los siguientes:

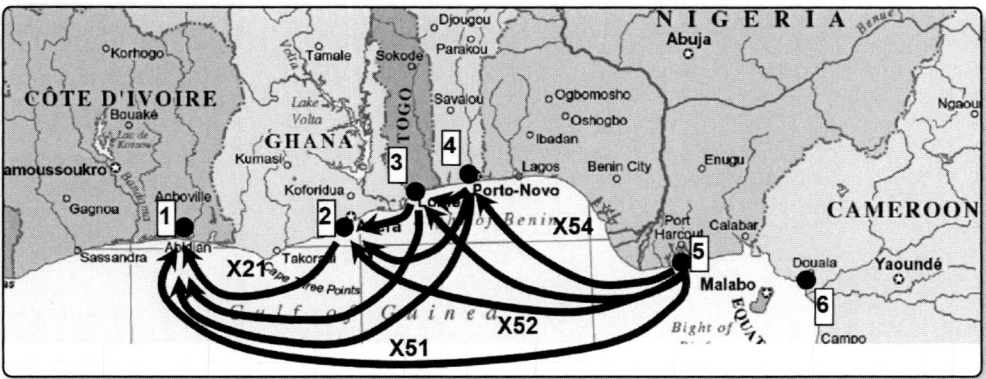

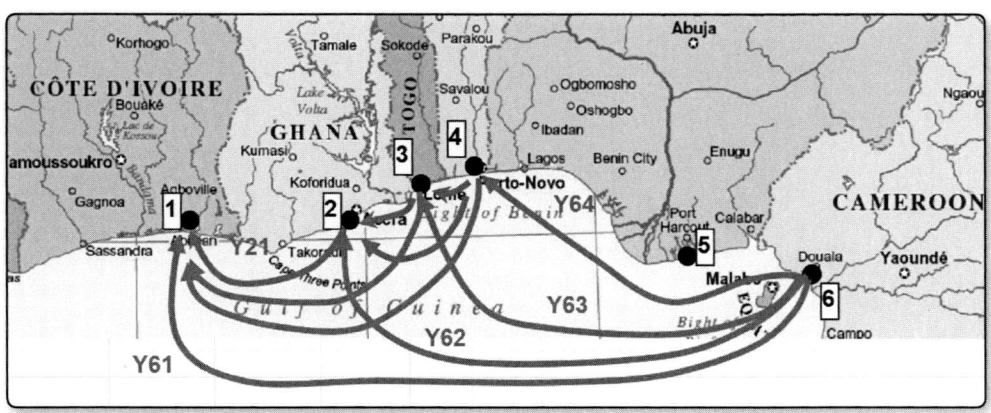

La función objetivo es:

$$MinC = \sum_{i,j \in R} 0{,}2 D_{ij} abs(X_{ij}) 100 + \sum_{i,j \in R'} 0{,}25 D_{ij} abs(Y_{ij}) 50$$

17

Siendo D_{ij} la distancia entre las terminales petrolíferas i y los puertos j; y X_{5j} el número de pequeños petroleros con origen en Port Harcourt e Y_{6j} el número de pequeños petroleros con origen en Douala. Utilizamos la función ABS (valor absoluto) porque a priori no se conocen los sentidos de ciertos flujos. R es el conjunto de posibles flujos de los petroleros con origen en Port Harcourt y R´ el conjunto de posibles flujos de los petroleros con origen en Douala.

Las restricciones son, suponiendo los sentidos de flujos de los esquemas:

Demanda (4):

$$(X_{51} + X_{21} + X_{31} + X_{41})100 + (Y_{61} + Y_{21} + Y_{31} + Y_{41})50 = 400$$

$$(X_{52} - X_{21} + X_{32} + X_{42})100 + (Y_{62} - Y_{21} + Y_{32} + Y_{42})50 = 500$$

$$(X_{53} - X_{31} + X_{32} + X_{43})100 + (Y_{63} - Y_{31} + Y_{32} + Y_{43})50 = 300$$

$$(X_{54} - X_{41} - X_{42} - X_{43})100 + (Y_{64} - Y_{41} - Y_{42} - Y_{43})50 = 300$$

Suministro (4):

$$(X_{51} + X_{52} + X_{53} + X_{54}) = Pa$$

$$(Y_{61} + Y_{62} + Y_{63} + Y_{64}) = Pb$$

$$Pa + Pb = 1500$$

$$Pa \leq 2Pb$$

Balance positivo en puertos (8):

Origen Port Harcourt:

$$X_{54} - X_{43} - X_{42} - X_{41} \geq 0$$

$$X_{53} - X_{32} - X_{31} + X_{43} \geq 0$$

$$X_{52} + X_{32} + X_{42} - X_{21} \geq 0$$

$$X_{51} + X_{41} + X_{31} + X_{21} \geq 0$$

Origen Douala:

$$Y_{64} - Y_{43} - Y_{42} - Y_{41} \geq 0$$

$$Y_{63} - Y_{32} - Y_{31} + Y_{43} \geq 0$$

$$Y_{62} + Y_{32} + Y_{42} - Y_{21} \geq 0$$

$$Y_{61} + Y_{41} + Y_{31} + Y_{21} \geq 0$$

Buscar la solución del problema en SOLVER

http://tiny.cc/297_94_1_EJER2

El problema es no lineal por utilizar la función ABS (valor absoluto) dado que a priori no se conocen los sentidos de ciertos flujos.

Es un problema de variables enteras. Utilizando el método GRG de Solver declarando variables enteras se alcanza la siguiente solución:

$$Cmin = 201\ 750\ €$$

$$X_{ij}\ Y_{ij}:$$

$$X_{21} = 1;\ X_{51} = 3\ ;\ X_{52} = 6;\ X_{53} = 1$$

$$Y_{63} = 4\ ;\ Y_{64} = 6$$

Y el resto valores nulos. La solución es, gráficamente, con los flujos de carga y descarga, la siguiente:

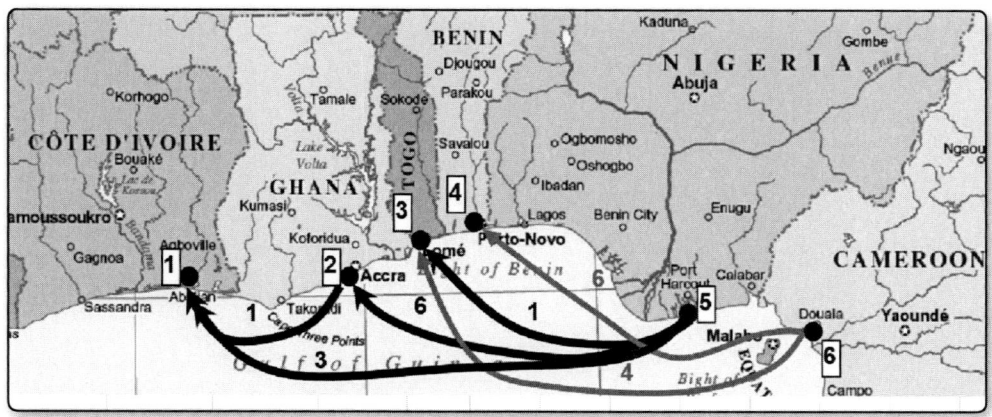

Desde cada puerto de origen el coste de distribución vale:

- Port Harcourt (petroleros más grandes): 123 000 €
- Douala (petroleros pequeños): 78 750 €

Caben otras soluciones igualmente óptimas (al ser el problema no lineal no estamos seguros de si el óptimo que arroja SOLVER es global). Por ejemplo, la siguiente, partiendo de otra solución de base:

$$X_{51} = 4 \,;\; X_{52} = 5;\; X_{53} = 1$$

$$Y_{63} = 4 \,;\; Y_{64} = 6$$

Y el resto valores nulos. La solución es, gráficamente, con los flujos de carga y descarga, la siguiente:

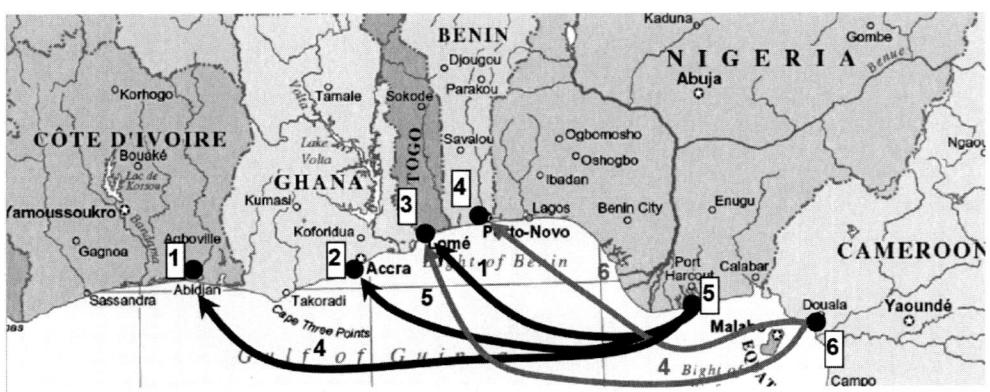

Esta solución no implica ninguna descarga en 2 destinos, tal y como la primera solución en Tema (1 petrolero).

Hay también varias soluciones con coste ligeramente superior, como son:

$$Cmin = 202\ 000 \;€$$

$$X_{21} = 4 \,;\; X_{52} = 8 \,;\; X_{53} = 2;\; Y_{62} = 2 \,;Y_{63} = 2 \,;Y_{64} = 6$$

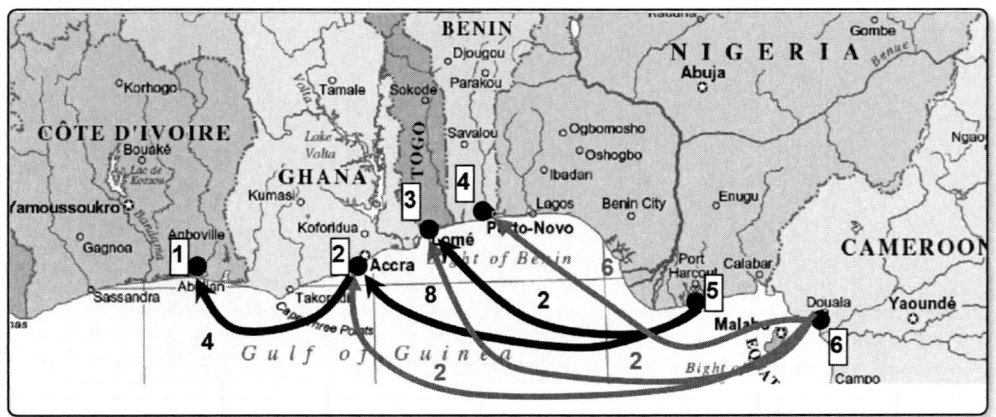

$$Cmin = 202\ 750\ €$$

$$X_{21} = 1\ ; X_{51} = 3\ ; X_{52} = 3\ ; X_{53} = 3;\ X_{54} = 1;\ Y_{62} = 6\ ; Y_{64} = 4$$

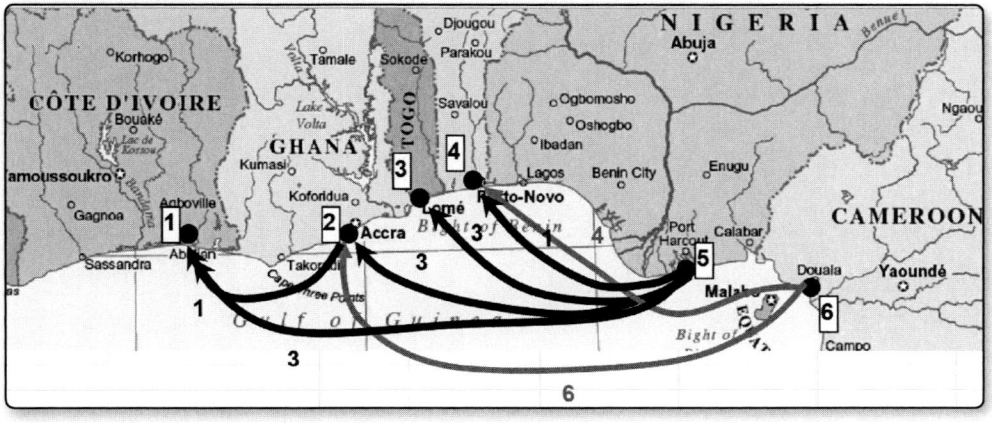

Ejercicio 3

Una compañía de transporte aéreo realiza el itinerario París – Casablanca – Dakar – Abidján – Kinshasa – Johannesburgo una vez al día. La demanda diaria de viajeros a la que pretende dar servicio viene dada por la siguiente matriz:

	París	Casa	Dakar	Abidjan	Kinshasa	Johann.
París		100	60	70	40	120
Casa			50	30	20	25
Dakar				50	25	25
Abidjan					45	35
Kinshasa						90
Johann.						

La capacidad máxima del avión es de 300 pasajeros.

Las tarifas aplicadas son proporcionales a la distancia recorrida: T = K. D, en donde K vale 15 EUR/100 km/viajero.

a) Calcular el ingreso máximo de la compañía y cuál es el porcentaje de servicio de la demanda para todas las relaciones de viaje de la matriz anterior. ¿Qué país se ve más desfavorecido con esta política?

b) ¿Qué escala se puede suprimir para lograr la menor reducción posible de ingresos para la compañía?

c) Supongamos que la compañía es pública y actúa como monopolista no lucrativo, buscando el mejor servicio a la demanda. ¿Cuál es el ingreso máximo que garantiza un porcentaje de servicio de la demanda igual para todos los países? ¿Cuál es ese porcentaje?

d) Supongamos que la compañía es francesa y pública, y actúa como monopolista no lucrativo, buscando el mejor servicio a la demanda con origen/destino París. ¿Cuál es el ingreso máximo que garantiza el máximo porcentaje de servicio de esta demanda, que debe ser igual para todos los O/D? ¿Cuál es el porcentaje de servicio de la demanda para todas las relaciones de viaje de la matriz anterior? ¿Qué país se ve más desfavorecido con esta política?

e) ¿Qué ocurre si se aplican reducciones del 10 % a los viajeros con origen/destino los países menos avanzados (D, A, K)?

Solución

Apartado a)

El paso previo a la solución es asignar los tráficos:

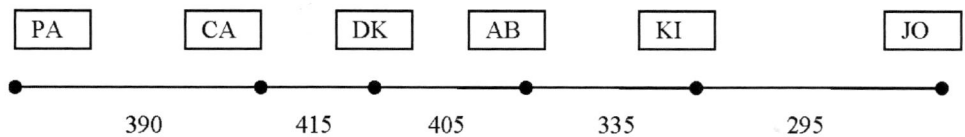

| PA | CA | DK | AB | KI | JO |

$$390 \qquad 415 \qquad 405 \qquad 335 \qquad 295$$

Comprobamos que la compañía sólo puede satisfacer la demanda en el último tramo del vuelo de ida (y 1.° de vuelta, por simetría de la matriz O/D).

Por lo tanto, deberá vender billetes para una parte de los pasajeros que desean viajar. Y lo hará con el criterio de maximizar los ingresos que estos viajeros le reporten.

Se trata por tanto de encontrar el ingreso máximo siguiente:

$$Max\ I = \sum_i \sum_j 0{,}15 D_{ij} X_{ij} p_{ij}$$

Siendo X_{ij} la demanda (conocida) entre el origen i y el destino j, D_{ij} la distancia en km entre i y j, y p_{ij} la proporción de X_{ij} que es servida.

Las restricciones son:

Capacidad (5):

$$100p_{12} + 60p_{13} + 70p_{14} + 40p_{15} + 120p_{16} \le 300$$

$$60p_{13} + 70p_{14} + 40p_{15} + 120p_{16} + 50p_{23} + 30p_{24} + 20p_{25} + 25p_{26} \le 300$$

$$70p_{14} + 40p_{15} + 120p_{16} + 30p_{24} + 20p_{25} + 25p_{26} + 50p_{34} + 25p_{35} + 25p_{36} \le 300$$

$$40p_{15} + 120p_{16} + 20p_{25} + 25p_{26} + 25p_{35} + 25p_{36} + 45p_{45} + 35p_{46} \le 300$$

$$120p_{16} + 25p_{26} + 25p_{36} + 35p_{46} + 35p_{56} \le 300$$

La última desigualdad se cumple siempre y puede ser excluida de la formulación.

Valores positivos acotados (15): $p_{ij} \ge 0 \qquad p_{ij} \le 1$

El problema es lineal, con variables reales.

Buscar la solución del problema en SOLVER

http://tiny.cc/297_94_1_EJER3

Ingreso máximo: 560 250 €/día en vuelos de ida (la misma cantidad en vuelos de vuelta)
Porcentajes de la demanda servidos:

	París	Casa	Dakar	Abidjan	Kinshasa	Johann.
París		25 %	75 %	100 %	100 %	100 %
Casa			0 %	0 %	0 %	100 %
Dakar				20 %	40 %	100 %
Abidjan					100 %	100 %
Kinshasa						100 %

Que corresponden a los siguientes viajeros:

	París	Casa	Dakar	Abidjan	Kinshasa	Johann.
París		25	45	70	40	120
Casa			0	0	0	25
Dakar				10	10	25
Abidjan					45	35
Kinshasa						90

Los porcentajes de la demanda total servidos por la compañía, por O/D, son:

París	Casa	Dakar	Abidjan	Kinshasa	Johann.
76,92 %	22,22 %	42,86 %	69,57 %	84,09 %	100 %

Luego el país más desfavorecido es Marruecos.

Apartado b)

Para lograr la menor reducción posible de ingresos para la compañía, es evidente que hay que suprimir la escala que proporciona menos ingresos. Calcularemos los ingresos en la hoja de cálculo precedente.

Buscar la solución del problema en SOLVER

http://tiny.cc/297_94_1_EJER3

Los ingresos por escala son:

París	Casa	Dakar	Abidjan	Kinshasa	Johann.
399 825	46 875	71 625	122 025	120 900	359 250

Luego hay que suprimir la escala de Casablanca, que sólo proporciona 46 875 € a la compañía.

Apartado c)

Si se busca el ingreso máximo que garantiza un porcentaje de servicio de la demanda igual para todos los países, entonces hemos de añadir al problema anterior las siguientes restricciones:

Igual servicio (5):

$$100p_{12} + 60p_{13} + 70p_{14} + 40p_{15} + 120p_{16} = 390P$$

$$100p_{12} + 50p_{23} + 30p_{24} + 20p_{25} + 25p_{26} = 225P$$

$$60p_{13} + 50p_{23} + 50p_{34} + 25p_{35} + 25p_{36} = 210P$$

$$70p_{15} + 30p_{25} + 50p_{35} + 45p_{45} + 35p_{46} = 230P$$

$$120p_{16} + 25p_{26} + 25p_{36} + 35p_{46} + 35p_{56} \geq 295P$$

En donde P es el porcentaje de igual servicio. La última ecuación debe ser desigualdad, o se puede suprimir, porque sabemos que en el último tramo se puede servir al 100 % de la demanda, y P podría ser superado por los viajeros transportados con O/D la RSA (no tiene sentido penalizar a los viajeros de este país para que no gane nadie).

Buscar la solución del problema en SOLVER

http://tiny.cc/297_94_1_EJER3

Se sirve una demanda igual al 76,67 % para todos los países, excepto la RSA que se sirve al 100 %.

Ingreso máximo: 553 742,5 €/día en vuelos de ida (la misma cantidad en vuelos de vuelta), que representa una merma limitada al 1,16 % del ingreso máximo que no garantizaba igual servicio a la demanda. En estas condiciones:

Porcentajes de la demanda servidos:

	París	Casa	Dakar	Abidjan	Kinshasa	Johann.
París		85,75 %	50,83 %	49,40 %	70,42 %	100 %
Casa			100 %	39,17 %	0 %	100 %
Dakar				100 %	22 %	100 %
Abidjan					100 %	100 %
Kinshasa						100 %

Estos porcentajes de demanda corresponden a los viajeros siguientes:

	París	Casa	Dakar	Abidjan	Kinshasa	Johann.
París		86	31	35	28	120
Casa			50	12	0	25
Dakar				50	6	25
Abidjan					45	35
Kinshasa						90

Los números de viajeros están redondeados, porque SOLVER arroja en este caso valores con decimales. Al ser elevado el n.º de viajeros, no vale la pena resolver el problema en variables enteras, la solución sería prácticamente la misma.

Los ingresos por escala son en este caso:

París	Casa	Dakar	Abidjan	Kinshasa	Johann.
357 811	97 455	88 088	103 781	101 101	359 250

Apartado d)

Si la compañía es francesa y pública, y busca el mejor servicio a la demanda con origen/destino París (porcentaje igual para todos los O/D), hemos de añadir al problema del apartado a) las siguientes restricciones:

$$p_{12} = p_{13} = p_{14} = p_{15} = Q$$

Nótese que no se impone limitación a p_{16}, que puede ser el 100 %.

Se sirve una demanda Q igual al 66,67 % desde París hasta todos los países, excepto la RSA que se sirve al 100 %. Si el porcentaje fuera estrictamente igual, también para la RSA, sería del 76,92 %, y el ingreso de la compañía sería menor.

Ingreso máximo: 560 250 €/día en vuelos de ida (la misma cantidad en vuelos de vuelta), que es un óptimo y muestra que la región factible del problema tiene varios óptimos globales. En estas condiciones:

Porcentajes de la demanda servidos:

	París	Casa	Dakar	Abidjan	Kinshasa	Johann.
París		66,67 %	66,67 %	66,67 %	66,67 %	100 %
Casa			0 %	72,22 %	100 %	100 %
Dakar				23,33 %	13,33 %	100 %
Abidjan					100 %	100 %
Kinshasa						100 %

En esta ocasión, los porcentajes de la demanda total servidos por la compañía, por O/D, son:

París	Casa	Dakar	Abidjan	Kinshasa	Johann.
76,92 %	59,26 %	38,10 %	69,57 %	84,09 %	100 %

Luego el país más desfavorecido es Senegal.

Apartado e)

Si se aplican reducciones del 10 % a los viajeros con origen/destino los países menos avanzados (D, A, K) cambia la función objetivo:

$$Max \ I = \sum_{i} \sum_{j} 0,15 D_{ij} X_{ij} p_{ij} - 0,1 \sum_{i,j \in R} \sum 0,15 D_{ij} X_{ij} p_{ij}$$

en donde el subconjunto R está compuesto por los pares (1,3) (1,4) (1,5) (2,3) (2,4) (2,5) (3,4) (3,5) (3,6) (4,5) (4,6) (5,6)

Buscar la solución del problema en SOLVER

http://tiny.cc/297_94_1_EJER3

27

Ingreso máximo: 534 281 €/día en vuelos de ida (la misma cantidad en vuelos de vuelta)

Porcentajes de la demanda servidos:

	París	Casa	Dakar	Abidjan	Kinshasa	Johann.
París		100 %	100 %	21,43 %	12,50 %	100 %
Casa			50 %	100 %	100 %	100 %
Dakar				70 %	100 %	100 %
Abidjan					100 %	100 %
Kinshasa						100 %

Ejercicio 4

Un servicio ferroviario de alta velocidad une las ciudades A y D pasando por las ciudades B y C, con 10 circulaciones diarias de ida y vuelta. Cada tramo de la línea mide 150 km. El servicio no tiene suficiente material móvil para cubrir las puntas de la demanda en períodos vacacionales. La matriz origen-destino simétrica de la demanda diaria en la línea es:

	A	B	C	D
A		1000	2000	2000
B			1500	1000
C				1000
D				

La capacidad del tren es de 500 pasajeros. Las tarifas aplicadas son proporcionales a la distancia recorrida: T = A + K. D, en donde K vale 30 EUR/100 km/viajero y A =20 EUR/viajero. Plantear con detalle el problema de optimización para calcular el ingreso máximo de la compañía en estas condiciones y los porcentajes de servicio de la demanda para todas las relaciones de viaje de la matriz anterior. ¿Tiene solución?

Supongamos que la compañía pretende maximizar sus ingresos respetando el criterio de dar servicio al menos al 80 % de la demanda para todas las relaciones O-D. Plantear el problema en estas condiciones. ¿Tendrá solución? ¿Qué sucede si este porcentaje es el 70 %?

Solución

Asignación de tráficos:

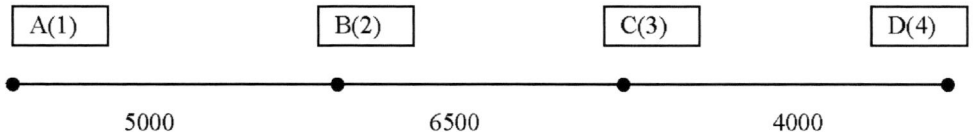

Capacidad de línea = 500 × 10 = 5000 viajeros/día. La compañía no puede, por lo tanto, satisfacer la demanda en el tramo intermedio. Parte de la demanda se quedará sin servicio.

Se trata de encontrar el ingreso máximo siguiente:

$$Max\ I = \sum_i \sum_j (20 + 0{,}3D_{ij})X_{ij}p_{ij}$$

Siendo X_{ij} la demanda (conocida) entre el origen i y el destino j, D_{ij} la distancia en km entre i y j, y p_{ij} la proporción de X_{ij} que es servida.

29

Las restricciones son:

Capacidad (1):

$$2000p_{13} + 2000p_{14} + 1500p_{23} + 1000p_{24} \leq 5000$$

Valores positivos acotados (15):

$$p_{ij} \geq 0 \qquad p_{ij} \leq 1$$

El problema es lineal, con variables reales.

Buscar la solución del problema en SOLVER

http://tiny.cc/297_94_1_EJER4

Ingreso máximo: 770 000 €/día en viajes de ida (la misma cantidad en viajes de vuelta)
Porcentajes de la demanda servidos:

	A	B	C	D
A		100 %	100 %	100 %
B			0 %	100 %
C				100 %

Desde el punto de vista del servicio es una solución desequilibrada, porque no se venden billetes a los usuarios que desean viajar de B a C y viceversa, mientras se venden al 100 % del resto de viajeros.

Si la compañía pretende maximizar sus ingresos respetando el criterio de dar servicio al menos al 80 % de la demanda para todas las relaciones O-D, hemos de incluir las siguientes restricciones:

$$p_{ij} \geq 0,8 \qquad i,j = 1, 2, 3, 4$$

Buscar la solución del problema en SOLVER

http://tiny.cc/297_94_1_EJER4

Con estas restricciones, no existe región factible para el problema. En efecto, las demandas mínimas a servir son:

	A	B	C	D
A		800	1600	1600
B			1200	800
C				800

Que suponen una carga de 5200 viajeros/día en el tramo central, que supera la capacidad de la línea.

Por lo tanto, no existe solución al problema en este supuesto.

Si se relaja ligeramente esta condición y el criterio es dar servicio al menos al 70 % de la demanda para todas las relaciones O-D, la restricción es:

$$p_{ij} \geq 0{,}7 \qquad i,j= 1, 2, 3, 4$$

Buscar la solución del problema en SOLVER

http://tiny.cc/297_94_1_EJER4

Sí existe solución. Los porcentajes de demanda servidos son:

	A	B	C	D
A		100 %	70 %	92,50 %
B			70 %	70 %
C				100 %

Que suponen una carga de 5000 viajeros/día en el tramo central, que es la capacidad de la línea. En los tramos 1 y 3 la cantidad de viajeros es menor que en el caso de base (4250 y 3550 respectivamente, frente a 5000 y 4000). Los viajeros servidos son los mismos (14000 al día), pero con recorridos más cortos y por lo tanto menos ocupación del tren en los tramos 1 y 3.

Los porcentajes de demanda servidos por estaciones de origen / destino son más equilibrados:

Caso de base: A= 100 %; B= 57,14 %; C= 66,67 %; D= 100 %

Con servicio al menos al 70 % de la demanda: A= 85 %; B= 78,57 %; C= 76,67 %; D= 88,75 %

El ingreso máximo disminuye a 716 000 €/día en viajes de ida, un 7 % menos que en el caso de base.

Ejercicio 5

Una compañía aérea transporta viajeros desde 4 ciudades europeas a 3 ciudades africanas, en vuelos directos (sin escalas). El número de viajeros/día viene dado por la siguiente matriz origen/destino:

	Destino africano 1	Destino africano 2	Destino africano 3
Destino europeo 1	400	400	700
Destino europeo 2	600	500	700
Destino europeo 3	500	400	600
Destino europeo 4	300	400	700

La distancia entre las ciudades europeas y las africanas es aproximadamente la misma: 2500 kms. La compañía dispone de 15 aviones grandes (300 plazas) y 25 pequeños (100 plazas); el coste de transporte por avión y por km es de 10 € y 6 €, respectivamente. A causa de la distancia de los vuelos y de los problemas de gestión en los aeropuertos europeos, cada avión sólo puede realizar un trayecto de ida y vuelta al día.

La compañía se plantea utilizar un HUB en todos sus vuelos Europa-África para reducir costes de transporte. Dicho HUB se encuentra a 1700 km de todas las ciudades europeas y a 1000 km de todas las ciudades africanas. El coste medio para la compañía de escala en el HUB es de 10 € por viajero. Con esta nueva organización del transporte, es necesario afectar al menos 9 aviones grandes a los viajes entre el HUB y las ciudades africanas. Todos los vuelos con O/D el HUB son directos; y el HUB permite que todos los aviones realicen 2 viajes de ida y vuelta al día, ya sea con destino el HUB o con destino las ciudades africanas.

Plantear los problemas de optimización necesarios para comprobar si el HUB permite realmente reducir costes de transporte, y para determinar el número óptimo de aviones de cada tipo a utilizar para cada origen y destino, con y sin HUB.

¿De qué tipo de problemas de optimización se trata? Explicar por qué hay o no garantía de encontrar la solución de coste mínimo en ambos casos (óptimo global).

Si el uso del HUB permitiera la reducción del coste de transporte, ¿cuáles serían las razones?

Solución

El problema puede resolverse por 2 vías (al menos). En la 1.ª, las variables principales son los aviones. En la 2.ª, las variables principales son las demandas

Vía de solución 1

Caso A: la compañía no usa el HUB.

Llamemos:

X_{ij} el n.º de aviones grandes entre el origen i y el destino j.

Y_{ij} el n.º de aviones pequeños entre el origen i y el destino j.

μ_{ij} el grado medio de llenado de los aviones grandes entre el origen i y el destino j.

λ_{ij} el grado medio de llenado de los aviones pequeños entre el origen i y el destino j.

Se trata de encontrar el coste mínimo de transporte:

$$MinC = 2500 \times 10 \sum_i \sum_j X_{ij} + 2500 \times 6 \sum_i \sum_j Y_{ij} \qquad (i = 1, 2, 3, 4; \; j = 1, 2, 3)$$

Las restricciones son:

Demanda (12):

$$T_{ij} = 300 X_{ij}\mu_{ij} + 100 Y_{ij}\lambda_{ij}$$

Siendo T_{ij} la demanda para el transporte desde i hasta j (matriz origen – destino)

Aviones disponibles (2):

$$\sum_i \sum_j X_{ij} \leq 15$$

$$\sum_i \sum_j Y_{ij} \leq 25$$

Valores positivos (24): $\quad X_{ij} \geq 0 \qquad Y_{ij} \geq 0 \qquad \mu_{ij} \geq 0 \qquad \lambda_{ij} \geq 0$

El problema es mixto (MIP); las variables μ_{ij} y λ_{ij} son reales, mientras que las variables X_{ij} y Y_{ij} son enteras. Su formulación es no lineal, por las restricciones de la demanda.

Buscar la solución del problema en SOLVER

http://tiny.cc/297_94_1_EJER5

La solución (en principio un óptimo local) es:

		Aviones grandes			Aviones pequeños	
	1	**2**	**3**	**1**	**2**	**3**
1	1	1	2	1	1	1
2	1	1	2	3	2	1
3	1	1	2	2	1	0
4	1	1	1	0	1	4

Con todos los aviones llenos al 100 %

Coste mínimo: 630 000 €/día

Interesa observar que, con esta configuración de demanda y costes, aparecen múltiples soluciones que constituyen, en principio, óptimos locales. Se obtienen soluciones de valores enteros por la configuración de la demanda, sus valores son múltiplos de las capacidades de los aviones.

Caso B: la compañía usa el HUB.

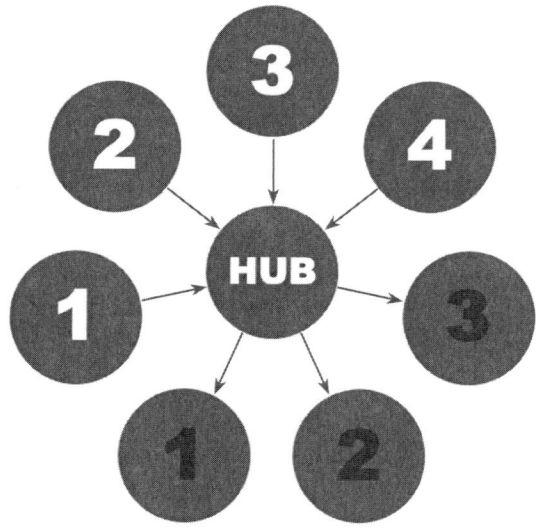

Llamemos:

X_{iH} el n.º de aviones grandes entre el origen i y el HUB H.

Y_{iH} el n.º de aviones pequeños entre el origen i y el HUB H.

X^*_{Hj} el n.º de aviones grandes entre el HUB H y el destino j.

Y^*_{Hj} el n.º de aviones pequeños entre el HUB H y el destino j.

μ_{iH} el grado medio de llenado de los aviones grandes entre el origen i y el HUB H.

λ_{iH} el grado medio de llenado de los aviones pequeños entre el origen i y el HUB H.

μ^*_{Hj} el grado medio de llenado de los aviones grandes entre el HUB H y el destino j.

λ^*_{Hj} el grado medio de llenado de los aviones pequeños entre el HUB H y el destino j.

Se trata de encontrar el coste mínimo de transporte:

$$MinC = 1700 \times 10 \sum_i X_{iH} + 1700 \times 6 \sum_i Y_{iH} + 1000 \times 10 \sum_j X^*_{Hj} + 1000 \times 6 \sum_j Y^*_{Hj} + 6200 \times 10$$

Las restricciones son ahora:

Demanda (7):

$$1500 = 300 X_{1H} \mu_{1H} + 100 Y_{1H} \lambda_{1H} \qquad 1800 = 300 X_{2H} \mu_{2H} + 100 Y_{2H} \lambda_{2H}$$

$$1500 = 300 X_{3H} \mu_{3H} + 100 Y_{3H} \lambda_{3H} \qquad 1400 = 300 X_{4H} \mu_{4H} + 100 Y_{4H} \lambda_{4H}$$

$$1800 = 300 X^*_{H1} \mu^*_{H1} + 100 Y^*_{H1} \lambda^*_{H1} \qquad 1700 = 300 X^*_{H2} \mu^*_{H2} + 100 Y^*_{H2} \lambda^*_{H2}$$

$$2700 = 300 X^*_{H3} \mu^*_{H3} + 100 Y^*_{H3} \lambda^*_{H3}$$

Aviones disponibles (2):

$$\sum_i X_{iH} + \sum_j X^*_{Hj} \leq 30$$

$$\sum_i Y_{iH} + \sum_j Y^*_{Hj} \leq 50$$

Aviones mínimos con origen el HUB (1):

$$\sum_i X^*_{Hj} \geq 18$$

Valores positivos (28): $\quad$
$X_{iH} \geq 0 \qquad Y_{iH} \geq 0 \qquad \mu_{iH} \geq 0 \qquad \lambda_{iH} \geq 0$
$X^*_{Hj} \geq 0 \qquad Y^*_{Hj} \geq 0 \qquad \mu^*_{Hj} \geq 0 \qquad \lambda^*_{Hj} \geq 0$

Como en el caso A, el problema es mixto (MIP); los grados de llenado son variables reales, mientras que el n.º de aviones es variable entera. La formulación es no lineal, por las restricciones de la demanda.

Buscar la solución del problema en SOLVER

http://tiny.cc/297_94_1_EJER5

La solución (en principio un óptimo local) es:

	Aviones grandes	Aviones grandes	Aviones pequeños	Aviones pequeños
	Hasta el HUB	Desde el HUB	Hasta el HUB	Desde el HUB
1	2	6	9	0
2	5	5	3	2
3	3	7	6	6
4	2	0	8	0
Total	12	18	26	8

Con todos los aviones llenos al 100 %

Coste mínimo: 759 200 €/día

Como en el caso A), aparecen múltiples soluciones que constituyen, en principio, óptimos locales de valores enteros porque los valores de la demanda son múltiplos de las capacidades de los aviones. Algunas de ellas son las cinco siguientes (la primera fila de las tablas para cada tipo de avión constituye una solución, la segunda otra, etc.):

Aviones grandes hasta el HUB:

2	5	3	2
0	3	5	4
1	3	5	3
4	4	0	4
2	6	0	4

Aviones pequeños hasta el HUB:

9	3	6	8
15	9	0	2
12	9	0	5
3	6	15	2
9	0	15	2

Aviones grandes desde el HUB:

6	5	7
4	5	9
5	5	8
5	5	8
5	5	8

Aviones pequeños desde el HUB:

0	2	6
6	2	0
3	2	3
3	2	3
3	2	3

Con todos los aviones llenos al 100 %, y coste mínimo de 759 200 €/día en todos los casos.

Vía de solución 2

Caso A: la compañía no usa el HUB.

Llamemos:

X_{ij} la cantidad diaria de viajeros transportada entre el origen i y el destino j en aviones grandes.

Y_{ij} la cantidad diaria de viajeros transportada entre el origen i y el destino j en aviones pequeños.

Se trata de encontrar el coste mínimo de transporte:

$$MinC = 2500{\times}10 \sum_i \sum_j red(X_{ij}/300) + 2500{\times}6 \sum_i \sum_j red(Y_{ij}/100) \; (i = 1, 2, 3, 4; j = 1, 2, 3)$$

En donde la función *red(X)* es aquella que redondea el valor *X* al entero mayor más próximo a *X*. Esta función no es continua, y conduce a un planteamiento de difícil solución numérica (problema discontinuo NSP).

Las restricciones son:

Demanda (12):

$$T_{ij} = X_{ij} + Y_{ij}$$

Siendo T_{ij} la demanda para el transporte desde *i* hasta *j* (matriz origen – destino)

Aviones disponibles (2):

$$\sum_i \sum_j red(X_{ij}/300) \leq 15$$

$$\sum_i \sum_j red(Y_{ij}/100) \leq 25$$

Valores positivos (24): $X_{ij} \geq 0$ $\qquad Y_{ij} \geq 0$

El problema se plantea en variables reales (valores elevados de las variables).

Buscar la solución del problema en SOLVER

http://tiny.cc/297_94_1_EJER5

Caso B: la compañía no usa el HUB.

Llamemos:

X_{iH} la cantidad diaria de viajeros transportada entre el origen i y el HUB H en aviones grandes

Y_{iH} la cantidad diaria de viajeros transportada entre el origen i y el HUB H en aviones pequeños

X_{Hj}^* la cantidad diaria de viajeros transportada entre el HUB H y el destino j en aviones grandes

Y_{Hj}^* la cantidad diaria de viajeros transportada entre el HUB H y el destino j en aviones pequeños

Se trata de encontrar el coste mínimo de transporte:

$$MinC = 17\,000 \sum_i red\left(\frac{X_{iH}}{300}\right) + 10\,200 \sum_i red\left(\frac{Y_{iH}}{100}\right) + 10\,000 \sum_j red\left(\frac{X_{Hj}^*}{300}\right)$$

$$+ 6000 \sum_j red\left(\frac{Y_{Hj}^*}{100}\right) + 6200$$

Las restricciones son ahora:

Demanda (7):

$$1500 = X_{1H} + Y_{1H} \qquad 1800 = X_{2H} + Y_{2H}$$
$$1500 = X_{3H} + Y_{3H} \qquad 1400 = X_{4H} + Y_{4H}$$
$$1800 = X_{H1}^* + Y_{H1}^* \qquad 1700 = X_{H2}^* + Y_{H2}^*$$
$$2700 = X_{H3}^* + Y_{H3}^*$$

Aviones disponibles (2):

$$\sum_i red(X_{iH}/300) + \sum_j red(X_{Hj}^*/300) \leq 30$$

$$\sum_i red(Y_{iH}/100) + \sum_j red(Y_{Hj}^*/100) \leq 50$$

Aviones mínimos con origen el HUB (1):

$$\sum_j red(X_{Hj}^*/300) \geq 18$$

Valores positivos (14):

$$X_{iH} \geq 0 \qquad Y_{iH} \geq 0$$
$$X_{Hj}^* \geq 0 \qquad Y_{Hj}^* \geq 0$$

El problema se plantea en variables reales (valores elevados de las variables).

Buscar la solución del problema en SOLVER

http://tiny.cc/297_94_1_EJER5

En la vía de solución n.º 2 es mucho más difícil hallar óptimos, aunque sean locales, con el algoritmo utilizado por el SOLVER estándar. Con multitud de valores de partida SOLVER no es capaz de hallar ninguna solución.

Se comprueba que, en este caso, el uso del HUB no permite la reducción del coste de transporte, al contrario. Esto es así porque los inconvenientes superan a las ventajas:

Ventajas:

- Se reducen los flujos, lo cual permite en teoría reducir sobrecapacidades
- Se permite un mejor uso de cada avión, al permitirse 2 i/v por ser los viajes más cortos y haber menos problemas de congestión y gestión aeroportuaria en el HUB

Inconvenientes

- La 1.° ventaja apenas es efectiva, pues los flujos Europa-África son importantes y justifican el uso de aviones grandes, que van llenos
- Aumentan las distancias a recorrer entre orígenes y destinos
- Hay costes de trasbordo de viajeros

Ejercicio 6

Cierta empresa fabrica maquinaria para la extracción de mineral en las minas. Dispone de 2 factorías en provincias diferentes que montan la totalidad de las máquinas, siendo su producción máxima anual de 10 y 14 unidades respectivamente. Las máquinas se suministran a tres minas, cuyo consumo anual mínimo se sitúa en 6, 8 y 10 unidades. Los costes unitarios de transporte son:

Factorías	Minas		
	1	2	3
1	12 000 €	24 000 €	18 000 €
2	36 000 €	6000 €	12 000 €

a) ¿Cómo se debe organizar los envíos entre fábricas y minas para que el coste de transporte sea mínimo? Plantear el problema de forma completa para su solución con SOLVER. Interpretación de las variables slack y surplus. Plantear el problema dual completo.

b) Supóngase que un mismo vehículo especial puede transportar 2 máquinas con un sobrecoste del 50 % sobre el transporte de una sola. En este caso, plantear un método para la solución del problema. ¿Puede introducir esta variación diferencias significativas en los resultados? Discutir la aplicabilidad del método de los multiplicadores de Lagrange a este problema.

Solución

Apartado a):

Se trata de encontrar el coste mínimo de distribución de las máquinas:

$$MinC = 12\,000X_{11} + 24\,000X_{12} + 18\,000X_{13} + 36\,000X_{21} + 6000X_{22} + 12\,000X_{23}$$

Siendo X_{ij} el número de máquinas enviadas desde la fábrica i hasta la mina j.

Las restricciones son:

Producción (2):

$$X_{11} + X_{12} + X_{13} \leq 10$$
$$X_{21} + X_{22} + X_{23} \leq 14$$

Demanda (3):

$$X_{11} + X_{21} \geq 6$$
$$X_{12} + X_{22} \geq 8$$
$$X_{13} + X_{23} \geq 10$$

Valores positivos (6): $X_{ii} \geq 0$

41

Por la configuración del problema (problema clásico del transporte), aunque las variables son enteras se puede resolver con el simplex como problema lineal de variables reales y el resultado se obtendrá en variables enteras.

Las variables slack son la diferencia entre las producciones máximas y las reales. Las variables surplus son la diferencia entre las máquinas que llegan a cada mina y su demanda anual. En este problema producción = consumo y, por lo tanto, las variables slack y surplus son cero.

Buscar la solución del problema en SOLVER

http://tiny.cc/297_94_1_EJER6

$$Cmin = 264\,000 \text{ €/año}$$

$$X_{ij} \text{ (máquinas)} =$$

	1	2	3
1	6	0	4
2	0	8	6

El problema dual es el siguiente:

$$MaxW = -10w_1 - 14w_2 + 6w_3 + 8w_4 + 10w_5$$

Sujeto a:

$$-w_1 + w_3 \leq 1\,2000$$
$$-w_1 + w_4 \leq 2\,4000$$
$$-w_1 + w_5 \leq 1\,8000$$
$$-w_2 + w_3 \leq 3\,6000$$
$$-w_2 + w_4 \leq 6000$$
$$-w_2 + w_5 \leq 12\,000$$
$$w_i \geq 0$$

Apartado b):

Si un mismo vehículo especial puede transportar 2 máquinas, el problema puede plantearse de la siguiente manera:

$$MinC' = 12\,000X_{11} + 24\,000X_{12} + 18\,000X_{13} + 36\,000X_{21} + 6000X_{22} + 12\,000X_{23} +$$

$$+18\,000Y_{11} + 36\,000Y_{12} + 27\,000Y_{13} + 54\,000Y_{21} + 9000Y_{22} + 18\,000Y_{23}$$

Siendo X_{ij} el número de máquinas enviadas desde la fábrica i hasta la mina j en vehículos normales e Y_{ij} el número de máquinas enviadas desde i hasta j en vehículos especiales.

Las restricciones son:

Producción (2):

$$X_{11} + 2Y_{11} + X_{12} + 2Y_{12} + X_{13} + 2Y_{13} \leq 10$$

$$X_{21} + 2Y_{21} + X_{22} + 2Y_{22} + X_{23} + 2Y_{23} \leq 14$$

Demanda (3):

$$X_{11} + 2Y_{11} + X_{21} + 2Y_{21} \geq 6$$

$$X_{12} + 2Y_{12} + X_{22} + 2Y_{22} \geq 8$$

$$X_{13} + 2Y_{13} + X_{23} + 2Y_{23} \geq 10$$

Valores positivos (6): $\quad X_{ij} \geq 0 \qquad Y_{ij} \geq 0$

Se mantiene la configuración básica del problema, se seguirá resolviendo con el simplex como problema lineal de variables reales y el resultado se obtendrá en variables enteras. Análogamente: producción = consumo y, por lo tanto, las variables slack y surplus son cero.

Buscar la solución del problema en SOLVER

http://tiny.cc/297_94_1_EJER6

$$Cmin = 198\,000 \text{ €/año}$$
$$X_{ij} \text{ (vehículos)} = 0$$
$$Y_{ij} \text{ (vehículos especiales)} =$$

3	0	2
0	4	3

En efecto, la variación introduce diferencias significativas en los resultados; lo cual es lógico porque los vehículos especiales aportan una ventaje económica cierta. Es fácil calcular en el problema qué ocurre si hay una limitación en el uso de vehículos especiales, basta con introducir una restricción y el problema conserva su planteamiento y propiedades.

Naturalmente, el método de los multiplicadores de Lagrange no es aplicable a este problema, que es lineal.

Ejercicio 7

Una empresa concentra su producción en una factoría en Sevilla y otra en Bilbao. Ambas producen frigoríficos y lavadoras. Las capacidades máximas de producción son:

Factorías	Producto	
	Frigoríficos	Lavadoras
Sevilla	6000	7000
Bilbao	8000	4000

La producción se envía a Madrid, Barcelona y Valencia; cuyas demandas respectivas de frigoríficos son (4000, 5000, 4000) y de lavadoras (3000, 3000, 4000).

El transporte se efectúa por carretera. Los costes unitarios de transporte (idénticos para lavadoras y frigoríficos) y los límites al n.º de frigoríficos y lavadoras a transportar (por falta de espacio en los camiones) son:

Factorías	Centros demanda			(coste unitario -límite al número de unidades)
	Mad.	Bcn.	Val.	
Sevilla	6 €-6000	9 €-3000	8 €-8000	
Bilbao	5 €-3000	8 €-9000	9 €-3000	

No existe almacenamiento.

Formular el problema de optimización para encontrar la distribución que minimiza el coste total de transporte. Interpretación de las variables slack y surplus. Plantear el problema de forma completa para su solución con SOLVER. Escribir la función objetivo del problema dual.

Supóngase que el coste unitario de transporte se reduce con la cantidad transportada de lavadoras y frigoríficos (Z) un porcentaje R que vale: $R = 1/2\ Z^{0.46}$ Comparar el planteamiento para su solución con SOLVER con el del problema lineal, e indicar el método de optimización a utilizar. ¿Puede introducir la no linealidad diferencias significativas en los resultados?

Solución

Se trata de encontrar el coste mínimo de distribución conjunto de lavadoras y frigoríficos:

$$MinC = 6X_{11} + 9X_{12} + 8X_{13} + 5X_{21} + 8X_{22} + 9X_{23} + 6Y_{11} + 9Y_{12} + 8Y_{13} + 5Y_{21} + 8Y_{22} + 9Y_{23}$$

Siendo X_{ij} el número de frigoríficos a enviar desde la fábrica *i* hasta el centro de demanda *j*, e Y_{ij} el número de lavadoras a enviar desde *i* hasta *j*.

Las restricciones son:

Producción (4):

$$X_{11} + X_{12} + X_{13} \leq 6000$$

$$X_{21} + X_{22} + X_{23} \leq 8000$$

$$Y_{11} + Y_{12} + Y_{13} \leq 7000$$

$$Y_{21} + Y_{22} + Y_{23} \leq 4000$$

Demanda (6):

$X_{11} + X_{21} \geq 4000$	$X_{12} + X_{22} \geq 5000$	$X_{13} + X_{23} \geq 4000$
$Y_{11} + Y_{21} \geq 3000$	$Y_{12} + Y_{22} \geq 3000$	$Y_{13} + Y_{23} \geq 4000$

Capacidad (6):

$X_{11} + Y_{11} \leq 6000$	$X_{21} + Y_{21} \leq 3000$	$X_{12} + Y_{12} \leq 3000$
$X_{22} + Y_{22} \leq 9000$	$X_{13} + Y_{13} \leq 8000$	$X_{23} + Y_{23} \leq 3000$

Valores positivos (6): $X_{ij} \geq 0$ $Y_{ij} \geq 0$

El problema es lineal, con variables reales (valores elevados). Además, por su configuración (problema clásico del transporte), aunque las variables fueran enteras se podría resolver con el simplex como problema lineal de variables reales.

Las variables slack son de dos tipos:

- las diferencias entre las producciones de lavadoras y frigoríficos y las cantidades transportadas de estos electrodomésticos desde Sevilla y Bilbao (*stocks*).
- la capacidad no utilizada de los camiones entre cada origen y cada destino.

Las variables surplus son los excesos de cantidad transportada de lavadoras y frigoríficos sobre la demanda de estos electrodomésticos en los centros de Madrid, Barcelona y Valencia.

Buscar la solución del problema en SOLVER

http://tiny.cc/297_94_1_EJER7

$$Cmin = 167\,000\,€$$

$$X_{ij} \text{ (frigoríficos) } ; Y_{ij} \text{ (lavadoras) } =$$

Hay al menos 2 soluciones; se encuentra una u otra en función de los valores de partida:

	Frigorificos			Lavadoras		
	Mad.	Bcn.	Val.	Mad.	Bcn.	Val.
Sevilla	2000	0	4000	2000	0	4000
Bilbao	2000	5000	0	1000	3000	0

	Frigorificos			Lavadoras		
	Mad.	Bcn.	Val.	Mad.	Bcn.	Val.
Sevilla	1000	0	4000	3000	0	4000
Bilbao	3000	5000	0	0	3000	0

Función objetivo del problema dual:

$MaxW = -6000w_1 - 7000w_2 - 8000w_3 - 4000w_4 + 4000w_5 + 5000w_6 + 4000w_7 + 3000w_8 + +3000w_9 + 4000w_{10} - 6000w_{11} - 3000w_{12} - 3000w_{13} - 9000w_{14} - 8000w_{15} - 3000w_{16}$

En cuanto a la no linealidad, estamos en un caso similar al del Ejercicio 1 (ver la formulación).

Buscar la solución del problema en SOLVER

http://tiny.cc/297_94_1_EJER7

En este caso, la no linealidad permite discriminar entre las soluciones igualmente óptimas del problema lineal. La 2.º solución continúa siendo un óptimo (el coste desciende a 130 364 €), mientras que la 1.º deja de serlo (el coste desciende a 131 436 €), y el GRG del SOLVER no la computa como un óptimo global (el algoritmo no encuentra solución a partir de ella). El óptimo que se ha encontrado de este modo sólo puede ser considerado como óptimo local. Para decidir si es un óptimo global habría que hacer un «barrido» con suficientes soluciones de partida.

Ejercicio 8

(adaptado de Bazaraa y Jarvis «*Linear Programming and Network Flows*», pg. 470)

Supóngase que las tarifas de cargo aéreo en € por tonelada entre los aeropuertos 1 a 7 vienen dadas por la tabla siguiente (la mención NO indica que no hay servicio aéreo directo para esos pares origen-destino):

	1	**2**	**3**	**4**	**5**	**6**	**7**
1		12	27	NO	45	35	15
2	12		10	25	32	NO	22
3	27	10		28	50	28	10
4	NO	25	28		16	20	32
5	45	32	50	16		26	35
6	36	NO	28	20	26		20
7	15	22	10	32	35	20	

Una empresa debe enviar cierta mercancía desde los aeropuertos 1, 2 y 3 (30, 50 y 20 t respectivamente) hasta los aeropuertos 4, 5, 6 y 7 (que deben recibir 15, 30, 25 y 30 t respectivamente). Los envíos se hacen directamente si hay servicio directo, y cuando no lo hay se realizan a través de un aeropuerto de tránsito con un coste igual a la suma del coste de los dos servicios que son necesarios. Determinar las toneladas transportadas entre cada par origen – destino para minimizar el coste total de transporte. Se planteará el problema completo de optimización. Se resolverá dicho problema en SOLVER. Obteniendo los informes de SOLVER adecuados, responder razonadamente apoyándose en dichos informes a las siguientes cuestiones:

a) *Si hiciera falta una tonelada más en destino, ¿en qué aeropuerto esta necesidad incrementaría menos el coste total de transporte?*

b) *En el caso a)¿dónde debería embarcarse esta tonelada adicional y cuánto aumentaría el coste total de transporte?*

Solución

Se trata de un problema de distribución física, con la única variante de la imposibilidad de envío directo entre algunos pares origen-destino.

El esquema de los flujos es el siguiente:

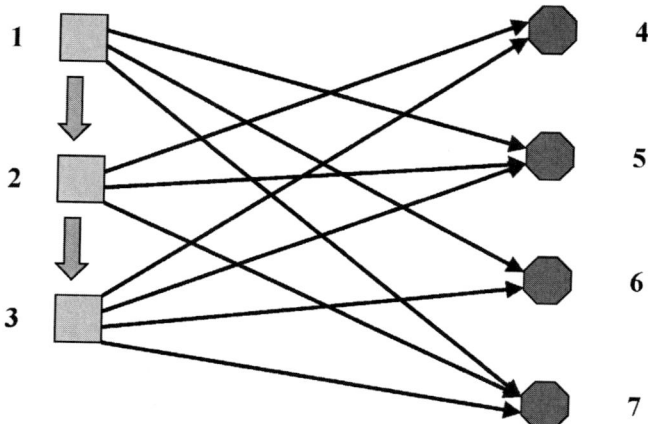

Las flechas negras representan los vuelos directos que son posibles. De 1 a 4 y de 2 a 6 es preciso realizar el envío a través de un aeropuerto de tránsito. Naturalmente, será aquel que proporcione el coste de transporte mínimo:

- De 1 a 4:

  A través de 5: 61 €/t   A través de 6: 55 €/t   A través de 7: 47 €/t

  A través de 2: 37 €/t   A través de 3: 55 €/t

  Por lo tanto, de 1 a 4 debe transitarse por 2, y colocaremos en el diagrama el nuevo flujo 1-2 (flecha naranja).

- De 2 a 6:

  A través de 4: 45 €/t   A través de 5: 58 €/t   A través de 7: 42 €/t

  A través de 1: 47 €/t   **A través de 3: 38 €/t**

  Por lo tanto, de 2 a 6 debe transitarse por 3, y colocaremos en el diagrama el nuevo flujo 2-3 (2.ª flecha naranja).

Se trata de encontrar el coste mínimo de distribución:

$$MinC = \sum_i \sum_j C_{ij} X_{ij} \qquad (i = 1, 2, 3; \; j = 2, ..., 7)$$

Siendo C_{ij} la tarifa en €/t entre el aeropuerto i y el j; y X_{ij} la cantidad transportada en toneladas entre el aeropuerto i y el j en el período de tiempo considerado. El doble sumatorio de [1] se extiende únicamente a los flujos representados en el diagrama anterior.

Las restricciones son:

Origen (3):

$$X_{15} + X_{16} + X_{17} + X_{12} \le 30$$

$$X_{24} + X_{25} + X_{27} + X_{23} - X_{12} \le 50$$

$$X_{34} + X_{35} + X_{36} + X_{37} - X_{23} \le 20$$

Destino (4):

$$X_{24} + X_{34} \ge 15$$

$$X_{15} + X_{25} + X_{35} \ge 30$$

$$X_{16} + X_{36} \ge 25$$

$$X_{17} + X_{27} + X_{37} \ge 30$$

Valores positivos (12): $X_{ij} \ge 0$

El problema es lineal con variables reales (aplicación del método simplex).

Buscar la solución del problema en SOLVER

http://tiny.cc/297_94_1_EJER8

El resultado es el siguiente:

$$Cmin = 2\ 535\ €$$

$$X_{ij}(t) =$$

	2	3	4	5	6	7
1	0	0	-	0	0	30
2	-	5	15	30	-	0
3	0	-	0	0	25	-

Por lo tanto, el envío a través de aeropuerto en tránsito se hace únicamente de 2 a 6 a través de 3 (5 toneladas).

Gráficamente la solución es:

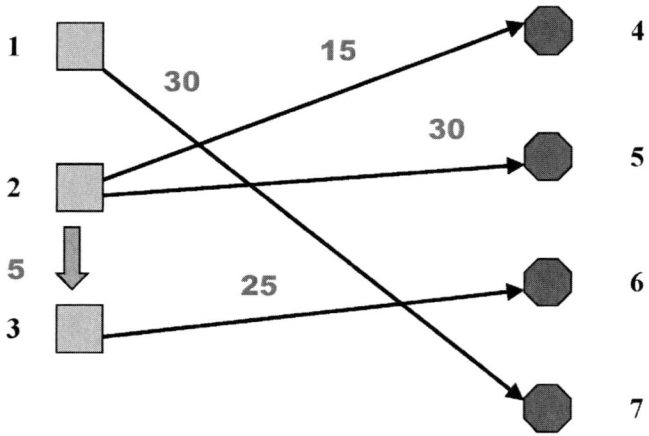

Apartado a)

Para responder a esta pregunta, acudimos al informe de sensibilidad que suministra SOLVER. En el informe aparecen los precios sombra de las restricciones, que representan la variación en la función objetivo cuando varía una unidad (o sea una tonelada) el término independiente de esas restricciones. Por lo tanto, cuando hace falta una tonelada más en destino se produce un aumento unitario en este término independiente. El precio sombra representará justamente el incremento del coste total de transporte en estas condiciones.

Se observa que el precio sombra más bajo es 20, en el aeropuerto 7. Por lo tanto, en 7 la necesidad de 1 tonelada más incrementa lo mínimo el coste de transporte. Si buscamos el aeropuerto en donde el incremento de coste producido es mayor, se trata del n.º 6 (precio sombra = 38).

Apartado b)

Para averiguar dónde debería embarcarse la tonelada adicional del caso a) y cuánto aumentaría el coste total de transporte, bastará con resolver el problema incrementando una tonelada la demanda en 7. Se puede probar dónde este incremento de la oferta arroja un coste menor, o cambiar las restricciones de origen convirtiéndolas en >= en lugar de <=.

Buscar la solución del problema en SOLVER

http://tiny.cc/297_94_1_EJER8

En el «caso 2» de la hoja de cálculo aparece esta solución. Si el incremento de la oferta se produce en «1» el coste total es 2550 €, si es en «2» el coste vale 2555 €, y si es en «3» el coste alcanza su valor mínimo (2545 €). Por lo tanto, la tonelada adicional debe embarcarse en «3» con un coste adicional de 10 €. Interesa quizá observar que el incremento de coste producido con respecto a la situación inicial es 10 €, y no 20 € (precio sombra del apartado a). Esto se debe a que las restricciones de origen en este problema no son independientes entre sí.

2. Ejercicios de redes de transporte

Ejercicio 9

Problema de flujo en redes de transporte. Transporte combinado marítimo - ferrocarril.

Se pretende minimizar los costes de transporte de contenedores de 30 pies por ferrocarril, procedentes de distintos puertos de entrada a España.

1200 contenedores llenos deben distribuirse a los centros de demanda en cierto período de tiempo. Estos centros son: 0 Valladolid, 1 Sevilla, 2 Badajoz, 3 Puertollano, 4 Zaragoza, 5 Burgos, 6 Albacete, 7 León, 8 Pamplona, 9 Vitoria, y Madrid. Se tomarán los centros de las anteriores ciudades cuya numeración coincida con las cifras del DNI del alumno/a. Cada centro recibirá 100 contenedores (una cifra repetida implica tantas veces 100 contenedores como veces se repita la cifra, pero con un máximo de 300). Madrid absorberá en todos los casos 400 contenedores. Los contenedores acceden a la Península a través de los puertos conectados con la red ferroviaria de transporte combinado (ver plano adjunto – en Asturias el puerto es Avilés).

El coste del transporte por ferrocarril es de 50 EUR/100 km por contenedor de 30 pies. Las distancias se pueden estimar sobre la red de ferrocarril utilizando los datos oficiales de RENFE para cargas (www.renfe.es), o bien de forma aproximada midiendo directamente sobre plano.

1. Se trata de obtener el volumen a transportar por cada tramo ferroviario de la red de transporte combinado, qué puertos de entrada de la red debe utilizar la empresa importadora y cuántos contenedores entrarán por cada puerto.

2. Resolver el mismo problema suponiendo que en la red ferroviaria aparecen tramos que, por la escasez de trenes de mercancías, presentan una limitación al transporte de contenedores a una cantidad de 150 en el período considerado (vías sencillas). Se asume que no existen restricciones en el resto de tramos.

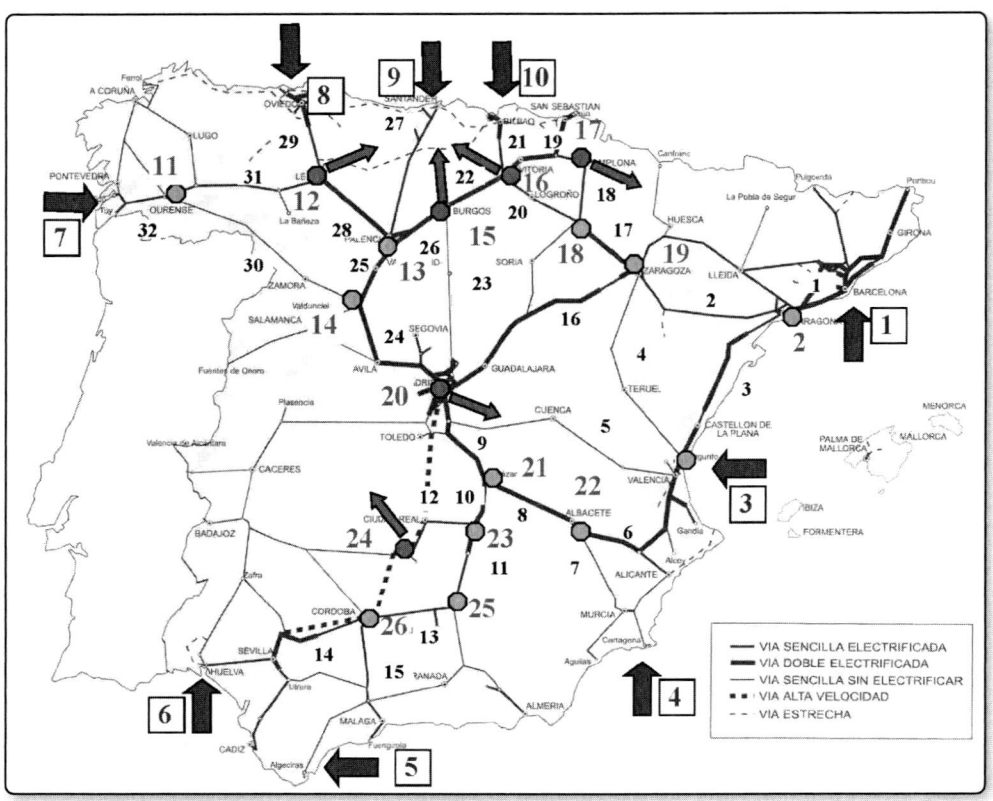

Solución

Tomemos el DNI siguiente: 77879358. La demanda de contenedores se concentra en Puertollano (100), Burgos (100), León (300), Pamplona (200), Vitoria (100) y Madrid (400).

Se trata de encontrar el coste mínimo de transporte:

$$MinC = \sum_{j\in R} 0{,}5D_j X_j$$

Este sumatorio se extiende al conjunto R de los arcos j de la red ferroviaria. D_j es la longitud de cada arco de la red, y X_j es la cantidad de contenedores que circula en el período de tiempo considerado por el arco j.

En los nodos de la red ferroviaria tiene que haber equilibrio de flujos. Los nodos utilizados en el ejercicio se representan en la figura anterior, con la numeración correspondiente a arcos y a nodos. Nótese que no se codifica toda la red. En efecto, es evidente que en ciertos tramos no puede haber ningún flujo de mercancías, y estos tramos se excluyen del sumatorio anterior.

Las restricciones son:

Equilibrio en los nodos (26):

$$\sum_{j\in I} X_j = \sum_{k\in I'} X_k$$

Flujo de entrada = flujo de salida; denotando j los arcos con flujo de entrada al nodo en cuestión y k los arcos con flujo de salida.

Valores positivos (32): $X_j \geq 0$

La entrada por cada puerto no es conocida, depende de la solución del problema. El problema es lineal. Al haber un número elevado de contenedores podemos plantearlo en variables reales (aplicación del método simplex), sin menoscabo de la exactitud del resultado.

Es importante hacer constar que para aplicar la formulación de la página anterior es necesario que los sentidos que se han supuesto para los flujos coincidan con los reales. Si no fuera así, no se podrían cumplir las condiciones de equilibrio, puesto que hemos supuesto valores positivos de todos los flujos.

Por lo tanto, en caso de que el problema no tenga solución, hemos de examinar con cuidado los sentidos supuestos por si existiera algún error.

En el ejemplo que nos ocupa, la definición de sentidos es sencilla y no cabe la equivocación.

Buscar la solución del problema en SOLVER

http://tiny.cc/297_94_1_EJER9

$Cmin = 183\ 400\ €$

$X_j =$ (contenedores)

Entradas en puertos:

Barcelona	Valencia	Cartagena	Algeciras	Huelva	Vigo	Aviles	Santander	Bilbao
0	400	0	0	100	0	300	0	400

Volumen en los tramos de la red:

1	2	3	4	5	6	7	8	9	10	11	12	13	14	15	16
0	0	0	0	400	0	0	0	0	0	100	100	100	100	0	0

17	18	19	20	21	22	23	24	25	26	27	28	29	30	31	32
0	0	200	0	400	100	0	0	0	0	0	0	300	0	0	0

En el caso 2) es preciso añadir las ecuaciones de limitación de capacidad, que son (ver figura de la página 56):

$$X_j \leq 150; \ j= 4, 5, 7, 11, 12, 13, 14, 15, 18, 20, 23, 27, 30, 31, 32$$

$$X_2 \leq 300$$

Buscar la solución del problema en SOLVER

http://tiny.cc/297_94_1_EJER9

$$Cmin = 192\ 275\ €$$

$$X_j = \text{(contenedores)}$$

Entradas en puertos: la solución es la misma.

Volumen en los tramos de la red:

1	2	3	4	5	6	7	8	9	10	11	12	13	14	15	16
0	0	0	0	150	250	0	250	250	0	100	100	100	100	0	0

17	18	19	20	21	22	23	24	25	26	27	28	29	30	31	32
0	0	200	0	400	100	0	0	0	0	0	0	300	0	0	0

Cabe preguntarse cómo proceder si los sentidos prefijados de los flujos no son evidentes. Puede recurrirse a la programación no lineal, minimizando:

$$MinC = \sum_{j \in R} 0{,}5D_j abs(X_j)$$

y dejando la posibilidad de que X_j sea negativo, estableciendo los sentidos correctos el propio programa. La dificultad estriba en que la función objetivo no tiene derivada continua y caemos en un NSP, es decir, el problema de más difícil solución, y sin garantía de hallar un óptimo global. Ni siquiera estaremos seguros de que los sentidos así obtenidos sean los que corresponden a un óptimo global.

Otra alternativa es probar varias configuraciones de sentidos razonables y resolver problemas lineales para cada una de ellas, escogiendo la solución de coste mínimo.

Ejercicio 10

Resolver el problema del Ejercicio anterior, suponiendo que, por problemas de gestión, interesa limitar a un número máximo de 3 los puertos de entrada de los contenedores a España ¿Qué sobrecoste implica esta medida?

Por otro lado, ¿cuál es el flujo máximo de transporte entre Valencia y Zaragoza, si la limitación es de 150 contenedores en vías sencillas y de 400 en vías dobles en el período considerado?

Solución

Partiendo de la solución del apartado 2) del problema anterior, podríamos proceder a un «barrido» de todas las posibles soluciones y escoger la de coste mínimo. Pero el número de combinaciones posibles es: $\frac{8!}{5!.3!} + \frac{8!}{6!.2!} + 8 = 92$, que es demasiado elevado. Si consideramos como hipótesis razonable que los puertos por donde no entraba carga, tampoco entrará tras restringir las entradas a un máximo de 3, y que tres puertos de entrada se acercan al coste mínimo más que 2 o 1; entonces el número de combinaciones posibles se reduce a 4 (quitar cada uno de los puertos de la solución del ejercicio anterior). Tras probar las 4 soluciones, encontramos que 3 de ellas no son factibles, y solamente es posible eliminar el puerto de Valencia. El coste mínimo es el siguiente:

Buscar la solución del problema en SOLVER

http://tiny.cc/297_94_1_EJER10

$$Cmin = 214\ 425\ €$$
$$X_j = (\text{contenedores})$$

Entradas en puertos:

Barcelona	Valencia	Cartagena	Algeciras	Huelva	Vigo	Aviles	Santander	Bilbao
0	0	0	0	100	0	550	0	550

Volumen en los tramos de la red:

1	2	3	4	5	6	7	8	9	10	11	12	13	14	15	16
0	0	0	0	0	0	0	0	0	0	100	100	100	100	0	0

17	18	19	20	21	22	23	24	25	26	27	28	29	30	31	32
0	0	200	0	550	250	150	250	250	0	0	250	550	0	0	0

No tenemos garantía al 100 % de que esta sea la mejor solución hasta probar el resto, pero es muy probable que así sea, o que esté muy cerca de la óptima.

En cuanto al flujo máximo de transporte entre Valencia y Zaragoza, si la limitación es de 150 contenedores en vías sencillas y de 400 en vías dobles, hay dos formas de abordar el problema:

1) Programación lineal.

Se trata de maximizar el flujo que entra en Valencia y sale en Zaragoza (*f*):

$$Max\_f$$

Las restricciones son:

Equilibrio en los nodos (26):

$\sum_{j \in I} X_j = \sum_{k \in I'} X_k + f$ en Valencia

$\sum_{j \in I} X_j = \sum_{k \in I'} X_k - f$ en Zaragoza

$\sum_{j \in I} X_j = \sum_{k \in I'} X_k$ en el resto

Flujo de entrada = flujo de salida; denotando *j* los arcos con flujo de entrada al nodo en cuestión y *k* los arcos con flujo de salida.

Limitación de capacidad

$X_2 \leq 300$;

$X_j \leq 150$ *j*= 4, 5, 7, 11, 12, 13, 14, 15, 18, 20, 23, 27, 30, 31, 32

$X_k \leq 400$ en el resto de arcos

Valores positivos (32): $X_j \geq 0$

Es importante hacer constar que para aplicar esta formulación hay que suponer ciertos sentidos de los flujos, que no serán los del ejercicio anterior. En efecto, los flujos han de orientarse para maximizar el flujo entre Valencia y Zaragoza. Será necesario que los sentidos supuestos coincidan con los reales. Si no fuera así, no se podrían cumplir las condiciones de equilibrio, ya que hemos supuesto valores positivos de todos los flujos. Por lo tanto, en caso de que el problema no tenga solución, hemos de examinar con cuidado los sentidos supuestos por si existiera algún error.

Se imponen las entradas en el resto de puertos iguales a cero.

Buscar la solución del problema en SOLVER

http://tiny.cc/297_94_1_EJER10

$$f\,max = 1000 \text{ CONTENEDORES}$$
$$X_j = \text{(contenedores)}$$

1	2	3	4	5	6	7	8	9	10	11	12	13	14	15	16
0	300	300	150	150	400	0	400	400	0	0	0	0	0	0	400

17	18	19	20	21	22	23	24	25	26	27	28	29	30	31	32
150	0	0	150	0	150	150	0	0	0	0	0	0	0	0	0

2) Teorema del flujo máximo – corte mínimo

En cualquier red, el valor máximo del flujo *f* de entrada/salida entre dos nodos es igual al flujo del corte con capacidad mínima. En la figura adjunta se representan varios cortes de la red con sus correspondientes flujos. La capacidad mínima es 1000 contenedores, que será entonces la solución. Es importante considerar que los cortes deben «atravesar» todos los posibles tramos con transporte entre Valencia y Zaragoza.

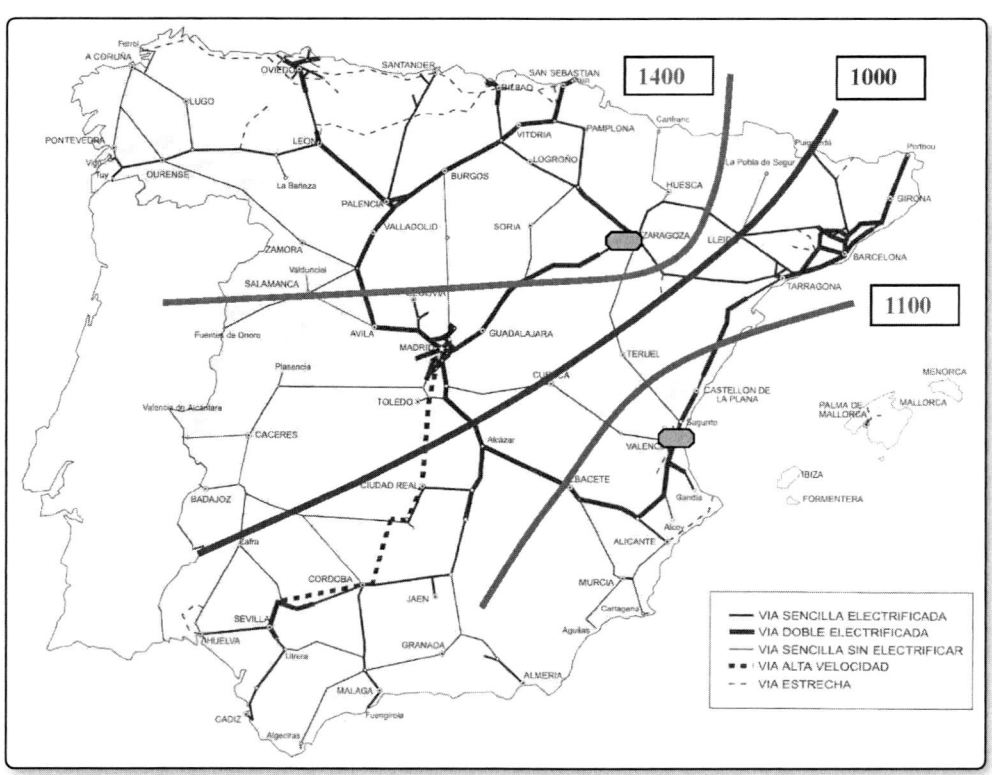

Ejercicio 11

En la red TECO de RENFE (Figura adjunta; distancias en km) se precisan, en cierto período de tiempo, 5 locomotoras en Madrid, 6 en Barcelona y 4 en Valencia-Puerto. Las locomotoras disponibles son más de 15 y se hallan en Zaragoza, Lérida, Tarragona y Villarreal.

Por problemas de atribución de surcos en el período de que se trata, en el corredor mediterráneo Barcelona–Valencia no pueden circular más de 3 locomotoras por sentido.

El coste de transporte de una locomotora es de 30 €/km.

Se pide obtener, para que el coste de transporte de las locomotoras sea mínimo:

1. La cantidad de locomotoras que debe salir de cada origen

2. Las rutas que siguen

3. El coste mínimo de transporte

Se planteará el problema completo de optimización. Se resolverá dicho problema en SOLVER.

Obteniendo los informes de SOLVER adecuados, responder razonadamente apoyándose en dichos informes a las siguientes cuestiones:

a) *si hiciera falta una locomotora más, ¿en qué destino de los 3 esta necesidad incrementaría más el coste total de transporte, y en qué cantidad?*

b) *¿en qué tramo de eje mediterráneo Barcelona–Valencia interesaría más aumentar la capacidad para que pudieran circular 4 locomotoras por sentido? ¿cuánto se reduciría el coste total del transporte en este caso?*

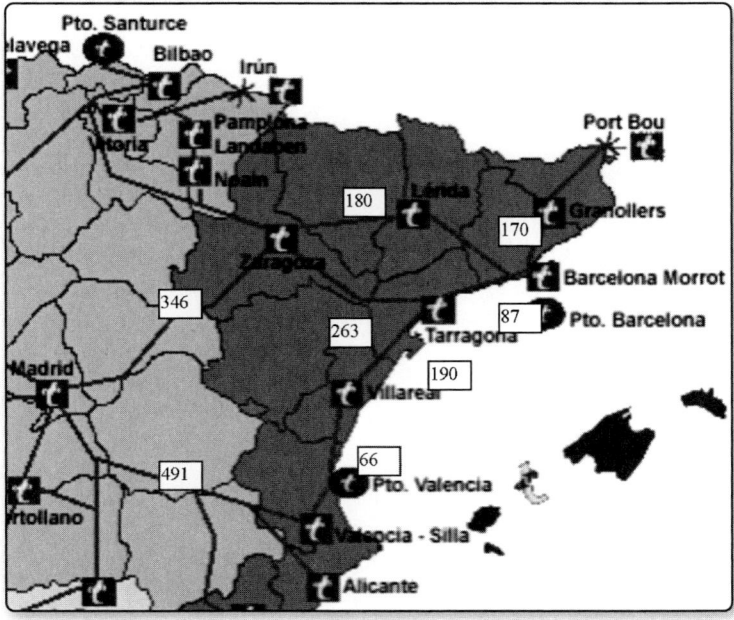

Solución

Se trata de encontrar el coste mínimo de transporte:

$$MinC = \sum_{j \in R} 30 D_j X_j$$

Este sumatorio se extiende al conjunto R de los arcos j de la red ferroviaria. D_j es la longitud de cada arco de la red, y X_j es la cantidad de locomotoras que circulan en el período de tiempo considerado por el arco j

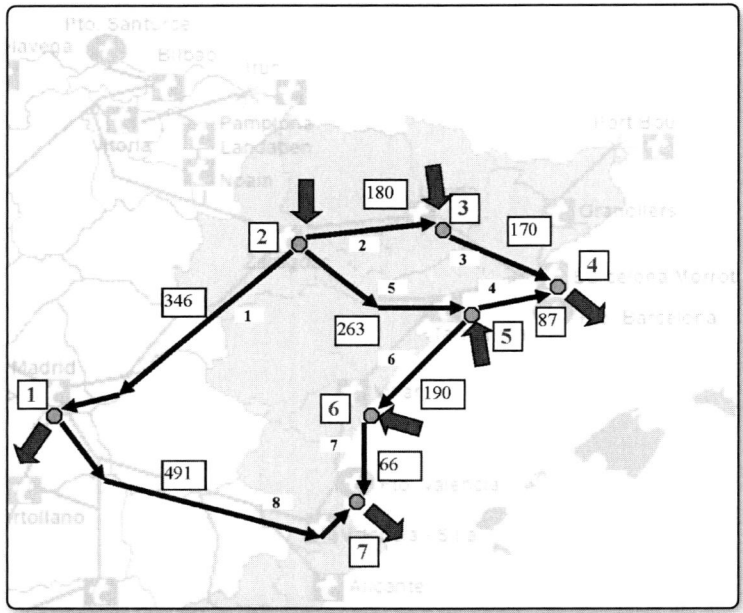

En los nodos de la red ferroviaria tiene que haber equilibrio de flujos. Los nodos utilizados en el ejercicio se representan en la figura anterior, con la numeración correspondiente a arcos y a nodos. Nótese que no se codifica toda la red; es evidente que en ciertos tramos no puede haber ningún flujo de mercancías, y estos tramos se excluyen del sumatorio de la página anterior.

Las restricciones son las siguientes:

Equilibrio en los nodos (7):

$$\sum_{j\in I} X_j = \sum_{k\in I'} X_k$$

Flujo de entrada = flujo de salida; denotando j los arcos con flujo de entrada al nodo en cuestión y k los arcos con flujo de salida.

$$X_1 - X_8 = 5 \qquad X_1 + X_2 + X_5 = a \qquad X_3 - X_2 = b$$

$$X_3 + X_4 = 6 \qquad X_4 - X_5 = c \qquad X_7 - X_6 = d \qquad X_7 + X_8 = 4$$

En donde a representa las locomotoras que salen de Zaragoza, b las que salen de Lérida, c las que salen de Tarragona y d las que salen de Villarreal.

Limitación de capacidad (3):

$$X_6 \leq 3 \qquad\qquad X_7 \leq 3 \qquad\qquad X_4 \leq 3$$

Valores positivos (8): $X_j \geq 0$

Las salidas de locomotoras no son conocidas, ni los flujos en cada tramo de la red. El problema es de formulación lineal, pero con variables enteras (el número de locomotoras es pequeño). Para aplicar la formulación de la página precedente es necesario que los sentidos que se han supuesto en la figura para los flujos coincidan con los reales. Si no fuera así, no se podrían cumplir las condiciones de equilibrio, puesto que hemos supuesto valores positivos de todos los flujos.

En caso de que el problema no tenga solución, o en caso de duda razonable sobre algún sentido de flujo (por ejemplo en el arco n.º 8) se debe calcular el problema con el sentido en cuestión cambiado y ver qué ocurre. Si el coste es inferior, esta solución es mejor que la primera. Como la red es pequeña, estas operaciones son sencillas y es difícil equivocarse.

Buscar la solución del problema en SOLVER

http://tiny.cc/297_94_1_EJER11

$$Cmin = 106\,080\ €$$

Entradas de locomotoras en la red:

Zaragoza	Lerida	Tarragona	Villarreal
6	3	3	3

Flujo en los tramos de la red:

1	2	3	4	5	6	7	8
6	0	3	3	0	0	3	1

Obsérvese que el problema se ha resuelto con el simplex, y el resultado es el mismo que el obtenido declarando las variables como enteras (método Branch & Bound). Esto es debido a la configuración del problema.

Para evitar la definición previa de sentidos es también posible plantear el problema no lineal:

$$MinC = \sum_{j \in R} 30 D_j abs(X_j)$$

dejando la posibilidad de que X_j sea negativo, estableciendo los sentidos correctos el propio programa. La dificultad estriba en que la función objetivo no tiene derivada continua (problema NSP). Sin embargo, como en este caso el problema es de pequeña dimensión puede ser abordado y resuelto fácilmente de este modo.

Buscar la solución del problema en SOLVER

http://tiny.cc/297_94_1_EJER11

En este caso se cambia inicialmente el sentido del arco n.º 8 para ver qué ocurre. Vemos que la aplicación del método GRG por el SOLVER cambia el sentido de este arco para dejarlo como debe ser (Madrid → Valencia). La solución obtenida es la misma, salvo los decimales de las soluciones que proceden de los parámetros de convergencia impuestos. Es una solución bastante estable, no parece variar sensiblemente en función del valor de partida de las iteraciones.

La obtención de las rutas es sencilla en este caso por deducción (sabemos que el planteamiento anterior del problema no nos las puede ofrecer):

Lérida → Barcelona: 3 locomotoras

Tarragona → Barcelona: 3 locomotoras

Zaragoza → Madrid: 5 locomotoras

Villarreal → Valencia: 3 locomotoras

Zaragoza → Madrid → Valencia: 1 locomotora

En un caso más complicado es preciso utilizar algoritmos de caminos críticos para hallar las rutas, si son muchas las rutas que se desean hallar.

a) *si hiciera falta una locomotora más, ¿en qué destino de los 3 esta necesidad incrementaría más el coste total de transporte, y en qué cantidad?*

Al poderse resolver el problema por medio del simplex, en este caso, podemos emitir el informe de sensibilidad y analizar los precios-sombra. En el informe de sensibilidad de SOLVER, hay que buscar el mayor precio sombra de las restricciones de demanda. Se trata de la demanda en Valencia (P.S. = 25 110 €), lo cual quiere decir que, para un aumento de la demanda de una locomotora, el coste de transporte aumentaría 25 110 €. Obsérvese que este aumento de coste debe ser compatible con las otras restricciones impuestas. Dado que hay un límite de capacidad en el eje mediterráneo, la locomotora adicional deberá llegar a Valencia desde Zaragoza vía Madrid, de ahí el coste adicional de 25 110 €. Es importante caer en la cuenta de que este precio sombra se puede ver modificado por restricciones en apariencia no operativas, de ahí la importancia de plantear el problema de forma totalmente correcta. Por ejemplo, si se impusiera que la suma de demandas es 15 (redundante), el precio sombra subiría a 30 810 €, puesto que entonces la locomotora adicional para Valencia al llegar desde Zaragoza debería sustraerse de otro lugar. Naturalmente, esta restricción es incompatible con la variación que permite calcular el precio sombra. Por este motivo no debe ser impuesta en el problema.

b) *¿en qué tramo de eje mediterráneo Barcelona–Valencia interesaría más aumentar la capacidad para que pudieran circular 4 locomotoras por sentido? ¿cuánto se reduciría el coste total del transporte en este caso?*

En el informe de sensibilidad de SOLVER, hay que buscar el mayor precio sombra, en valor absoluto, de las restricciones de limitación de capacidad. Se trata, evidentemente, del tramo Villarreal → Valencia, cuya limitación de capacidad impone un mayor coste al transporte (P.S. = -23 130 €), lo cual quiere decir que, para un aumento de la capacidad de una locomotora en ese tramo, el coste del transporte disminuiría 23 130 € (la locomotora que circula por Zaragoza → Madrid → Valencia circularía por Villarreal → Valencia directamente).

Ejercicio 12

La República de Burkina Faso importa la totalidad del combustible que consume (370 000 t/año) desde los puertos de 4 países limítrofes (Ver Mapa adjunto). El combustible se transporta por la red de carreteras en camiones cisterna de 40 t de carga útil. El coste de transporte en toda la red es de 3 céntimos de €/t/km. El precio del crudo es de 400 €/t (Côte d'Ivoire), 360 (Togo), 350 (Ghana), 320 (Benin). Por motivos estratégicos, el Gobierno decide que la sociedad del monopolio de hidrocarburos no importe de ningún país más del 50 % y menos del 10 % de las necesidades nacionales.

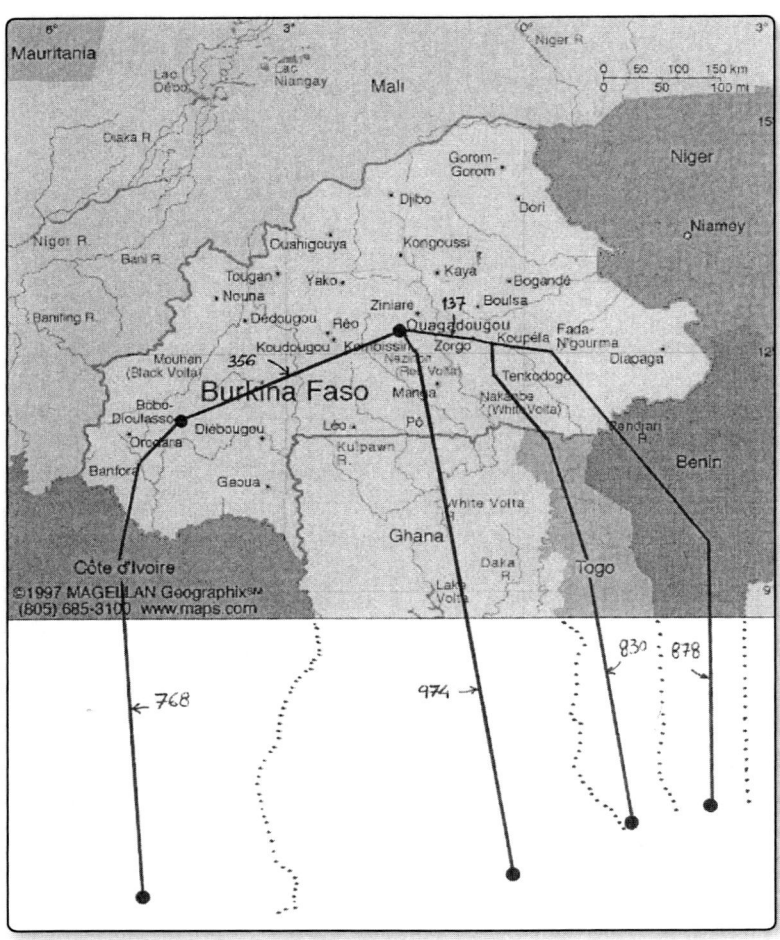

- Caso a) La demanda de productos refinados es dos veces mayor en la capital Ouagadougou que en Bobo-Dioulasso; que son los 2 únicos centros de distribución de estos productos.
- Caso b) Los productos se almacenan y acondicionan en los depósitos de Ouagadougou (45 000 t) y Bobo-Dioulasso (29 000 t). Desde allí se distribuyen a la demanda del caso a).

Se pide plantear, en los casos a) y b), el problema completo de optimización para determinar el coste mínimo total para la sociedad del monopolio de hidrocarburos y las cantidades a importar de cada país. ¿Cuál es el sobrecoste en % en el caso b)?

En SOLVER, resolver ambos problemas de optimización. Obteniendo los informes de SOLVER adecuados, responder razonadamente apoyándose en dichos informes a la siguiente cuestión: «*si pudieran modificarse las restricciones a la importación, calcular de dónde debería importarse más (o menos) para reducir el máximo el coste total para la sociedad. ¿Cuánto valdría esta reducción para un aumento (o reducción) del 1% del límite de importación con este origen?*»

Solución

Caso a)
El problema puede resolverse por 2 vías (al menos). En la 1.ª, consideramos el problema como de redes, en la segunda asimilamos el problema a uno de distribución.

Vía de solución 1: problema de redes
Es la vía más lógica y directa, puesto que el problema se plantea en una red de transporte por carretera.

Se trata de encontrar el coste mínimo de transporte y adquisición:

$$MinC = C(transporte) + C(adquisición) =$$

$$\sum_{j \in R} \left[0{,}03 \times 40 \times D_j X_j \right] + 40(400X_4 + 350X_5 + 360X_6 + 320X_7)$$

El 1.º sumatorio se extiende al conjunto R de los arcos j de la red de transporte por carretera. D_j es la longitud de cada arco de la red, y X_j es la cantidad de camiones de 40 toneladas que circulan en un año por el arco j.

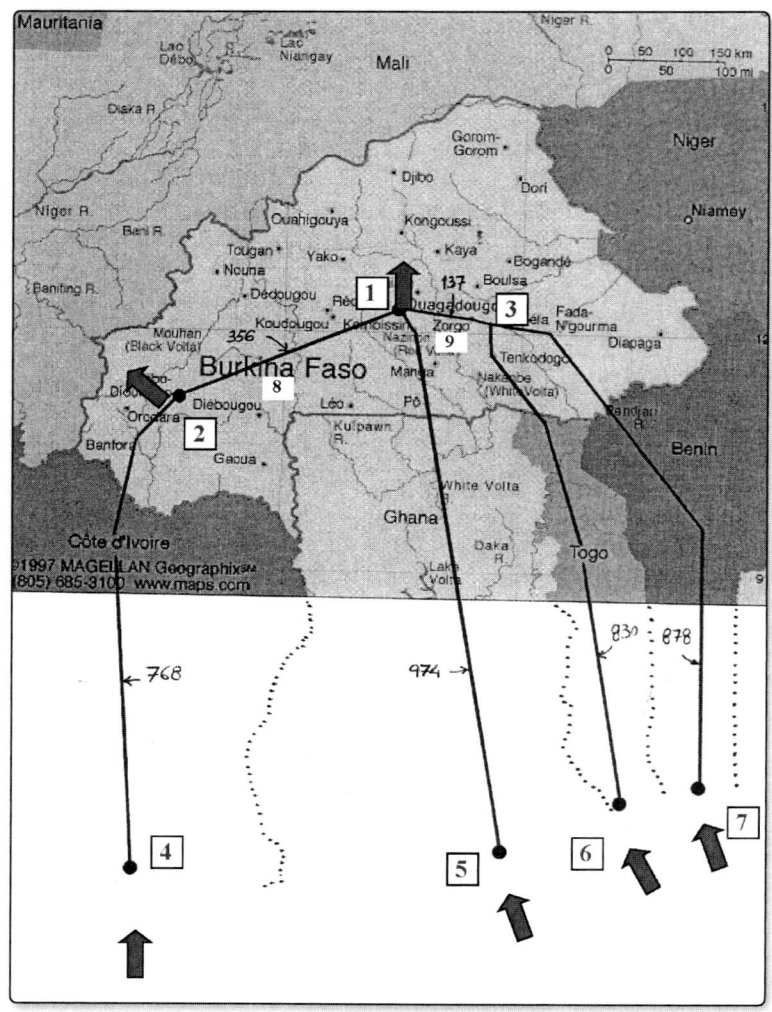

Las restricciones son las siguientes:

Equilibrio en los nodos (3):

$$\sum_{j\in I} X_j = \sum_{k\in I'} X_k$$

Flujo de entrada = flujo de salida; denotando j los arcos con flujo de entrada al nodo en cuestión y k los arcos con flujo de salida.

$$X_2 - X_8 = X_4 \qquad\qquad X_5 - X_8 + X_9 = X_1 \qquad\qquad X_6 + X_7 = X_9$$

Demanda nacional (2):

$$X_1 = (2/3)370000/40 = 6166,66$$

$$X_2 = (1/3)370000/40 = 3083,33$$

Importación mínima y máxima (8):

$$925 \le X_4 \le 4625 \qquad\qquad 925 \le X_5 \le 4625$$

$$925 \le X_6 \le 4625 \qquad\qquad 925 \le X_7 \le 4625$$

Valores positivos (8): $X_j \ge 0$

Los sentidos son evidentes. En efecto, la ventaja en coste de adquisición en Ghana supera a la ventaja en coste de transporte desde Costa de Marfil. Por lo tanto, si hay flujo en el arco n.º 8 debe ser hacia la ciudad de Bobo-Dioulasso.

Buscar la solución del problema en SOLVER

http://tiny.cc/297_94_1_EJER12

Redondeando a un número de camiones entero resulta:

$$Cmin = 137\ 894\ 844,8\ €/\text{año}$$

Del cual el coste de transporte es: 11 724 844,8 €/año

Importaciones (camiones/año):

Costa de Marfil	Ghana	Togo	Benin
925	2775	925	4625

Vía de solución 2: problema de distribución

Dada la configuración de la red, muy simple, resulta inmediato encontrar las rutas origen-destino y plantear el problema como si fuera de distribución:

Solución

Se trata de encontrar el coste mínimo de adquisición y distribución:

$$MinC = \sum_i \sum_j 0,03 \times 40 \times D_{ij} X_{ij} \qquad (i = 4,5,6,7; \ j=1, 2)$$

Siendo D_{ij} la distancia en km entre el origen (puerto) i y el destino en Burkina Faso j; y X_{ij} la cantidad anual de camiones de 40 toneladas que circulan entre i y j. El doble sumatorio anterior se extiende únicamente a los flujos representados en la figura anterior.

Las restricciones son:

Importación mínima y máxima (8):

$$925 \le X_{41} + X_{42} \le 4625 \qquad\qquad 925 \le X_{51} + X_{52} \le 4625$$

$$925 \le X_{61} + X_{62} \le 4625 \qquad\qquad 925 \le X_{71} + X_{72} \le 4625$$

Demanda nacional (2):

$$X_{41} + X_{51} + X_{61} + X_{71} = 6166,66$$

$$X_{42} + X_{52} + X_{62} + X_{72} = 3083,33$$

Valores positivos (8): $X_{ij} \ge 0$

El problema está configurado así como lineal, con variables reales.

Buscar la solución del problema en SOLVER

http://tiny.cc/297_94_1_EJER12

La solución es idéntica a encontrada por la vía n.º 1, salvo los redondeos por decimales del coste mínimo final.

Caso b)

El problema puede resolverse también por las 2 vías anteriores. Adoptaremos en esta ocasión únicamente la vía 1ª.

Dado que los productos se almacenan y acondicionan en los depósitos de Ouagadougou (45 000 t) y Bobo-Dioulasso (29 000 t), el ritmo de servicio a la demanda debe corresponderse con el ritmo al cual se acondicionan los productos (aditivos, etc.). Por lo tanto, los valores de la demanda cambian, y son:

$$X_1 + X_2 = 37\,0000/40 = 9259$$

$$X_1/X_2 = 45/29$$

$$X_2 = 3625$$

$$X_2 = 3625$$

El resto de ecuaciones son las mismas que en el caso a), vía de solución n.º 1.

Además de los flujos de productos sin acondicionar, aparece un flujo de productos acondicionados desde Bobo Dioulasso a Ouagadougou que vale:

$$X^*_8 = 3625 - 370000/(3 \times 40) = 541,66 \rightarrow 542 \text{ camiones}$$

La solución es:

Buscar la solución del problema en SOLVER

http://tiny.cc/297_94_1_EJER12

Cmin = 138 357 502,4 €/año

Del cual el coste de transporte es: 12 187 502,4 €/año

El sobrecoste es el 0,34 %.

Las cantidades a importar son las mismas que en el caso a). La única diferencia consiste en que en el caso b), por el arco 8 transitan más camiones hacia Bobo-Dioulasso (2700); y que desde allí hasta la capital circulan 542 camiones/año adicionales de productos acondicionados.

- ■ *Si pudieran modificarse las restricciones a la importación, calcular de dónde debería importarse más (o menos) para reducir el máximo el coste total para la sociedad.*

  Al ser un problema lineal con variables asimiladas a reales se puede emitir el informe de sensibilidad y analizar los precios-sombra. En el informe de sensibilidad de SOLVER, hay que buscar el mayor precio sombra de las restricciones de demanda en valores absolutos. Se trata de la demanda en Costa de Marfil (P.S. = 1325,6 €), lo cual quiere decir que si se pudiera importar un camión menos de este país el coste total se reduciría en 1325,6 €. Le sigue la restricción opuesta en Benin, es decir, si se pudiera importar un camión más del Benin el coste total se reduciría en 1150,8 €. El mismo resultado arroja, en variaciones en toneladas, el informe de sensibilidad obtenido por la vía de solución n.º 2.

- ■ *¿Cuánto valdría esta reducción para un aumento (o reducción) del 1% del límite de importación con este origen?»*

  El 1 % vale 370 t, que supone una reducción posible de 9 camiones/año. Por lo tanto la reducción del coste valdría:

  $$9 \times 1325,6 = \textbf{11930,4 € anuales}$$

Ejercicio 13

La República del Niger (ver mapa en la página siguiente) está sufriendo una crisis alimentaria, pero los problemas logísticos impiden que los alimentos lleguen a la población en la medida de sus necesidades. En los meses de abril, mayo y junio se estima que las necesidades mínimas de cereales de la ayuda ascienden a 2000 toneladas en cada una de las ciudades de Arlit, Agadez, Ingal, Tahoua y Tânout, desde las que se realiza su distribución.

La ayuda llega por avión, en cargueros medianos (48 t) y pequeños (10 t) al aeropuerto de Niamey y en cargueros pequeños a los de Zinder, Maradi y Agadez. También llega por carretera desde Burkina Faso, Benin y Nigeria (accesos fronterizos 1, 2 y 3 en el mapa esquema que se adjunta en la solución: Kantchari, Kandi y Kano) en camiones de 10 t.

El coste de transporte por carretera es de 2 €/km. Las distancias de transporte por tramos de la red de carreteras se representan en el mapa-esquema adjunto en la solución. La oferta de transporte está limitada, sólo pueden entrar como máximo 200 camiones / mes con alimentos desde cada uno de los países vecinos, 30 aviones cargueros medianos/ mes y 100 aviones cargueros pequeños/mes. En Níger, se puede disponer solamente de 200 camiones / mes para llevar la ayuda desde los aeropuertos hasta la población por problemas de seguridad. Del mismo modo, por problemas de seguridad del personal de la ayuda, el aeropuerto de Agadez sólo puede recibir 5 cargueros / semana.

En estas condiciones, se desea saber:

a) La cantidad máxima de cereales que se puede distribuir a la población, y cómo se debe distribuir por ciudades si para evitar problemas de equidad en el reparto ninguna ciudad puede recibir más del 40 % del máximo de cereales de la ayuda. ¿Cuánto cuesta en € su distribución?

b) El organismo que financia la ayuda estima que se puede distribuir esta cantidad a un coste mínimo muy inferior al anterior, con las mismas restricciones. ¿Está en lo cierto? ¿Cuánto vale este coste? Indicar en ese caso cómo se debe distribuir la ayuda por ciudades

c) Si el criterio fuera abastecer la cantidad máxima de cereales citada anteriormente a todas las ciudades aproximadamente por igual (diferencia máxima 10 %) ¿cuánto valdría el coste de distribución y cuál sería el abastecimiento para cada ciudad?

d) En el caso b), obteniendo los informes de SOLVER adecuados, responder razonadamente apoyándose en dichos informes a las siguientes cuestiones:

1. *Si pudieran entrar más camiones desde un país vecino sin cambiar la cantidad total a distribuir, ¿por qué país la entrada reduciría más el coste de distribución?¿cuál sería esta reducción del coste por cada 100 nuevas toneladas de entrada?*

2. *Si la cantidad total a distribuir aumentara 100 t ¿cuál sería el aumento del coste de transporte que esto generaría?*

3. *Si fuera forzoso utilizar todos los aeropuertos para aviones pequeños sin cambiar la cantidad total a distribuir, ¿cuál de ellos traería consigo el mayor aumento del coste de transporte al desembarcar 100 t?*

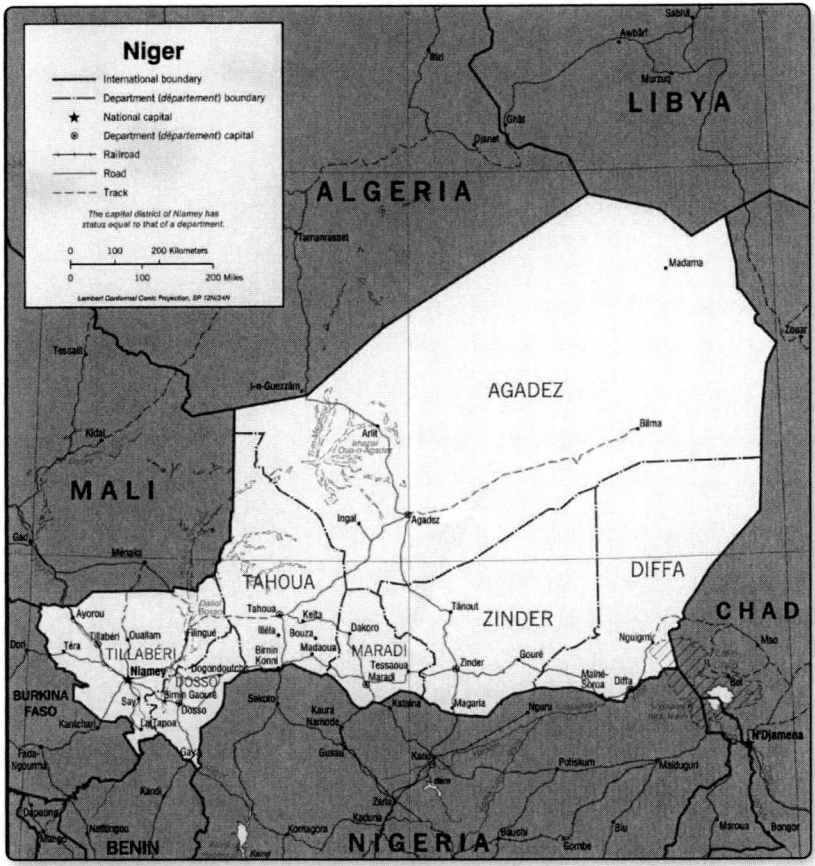

Solución

Apartado a)

En este ejercicio se aborda la bi-modalidad del transporte de ayuda alimentaria aéreo-carretera. El aspecto de red aparece con la bi-modalidad. Se trata en 1.º lugar de maximizar la cantidad de cereales que se puede distribuir en los meses críticos, de abril a junio.

En el plano esquema adjunto denotamos:

X_4, X_5, X_6, X_7: cantidad de ayuda en toneladas que llega en aviones cargueros pequeños

X_0: cantidad de ayuda en toneladas que llega en aviones cargueros medianos

X_1, X_2, X_3: cantidad de ayuda en toneladas que llega por carretera desde Burkina Faso, Benin y Nigeria

X_{18}, X_{19}, X_{20}, X_{21}, X_{22}: cantidad de ayuda en toneladas que se necesita en Arlit, Agadez, Ingal, Tahoua y Tânout.

El resto de incógnitas corresponden a los flujos en la red, en toneladas (X_j). Los sentidos de los flujos aparecen en el plano esquema.

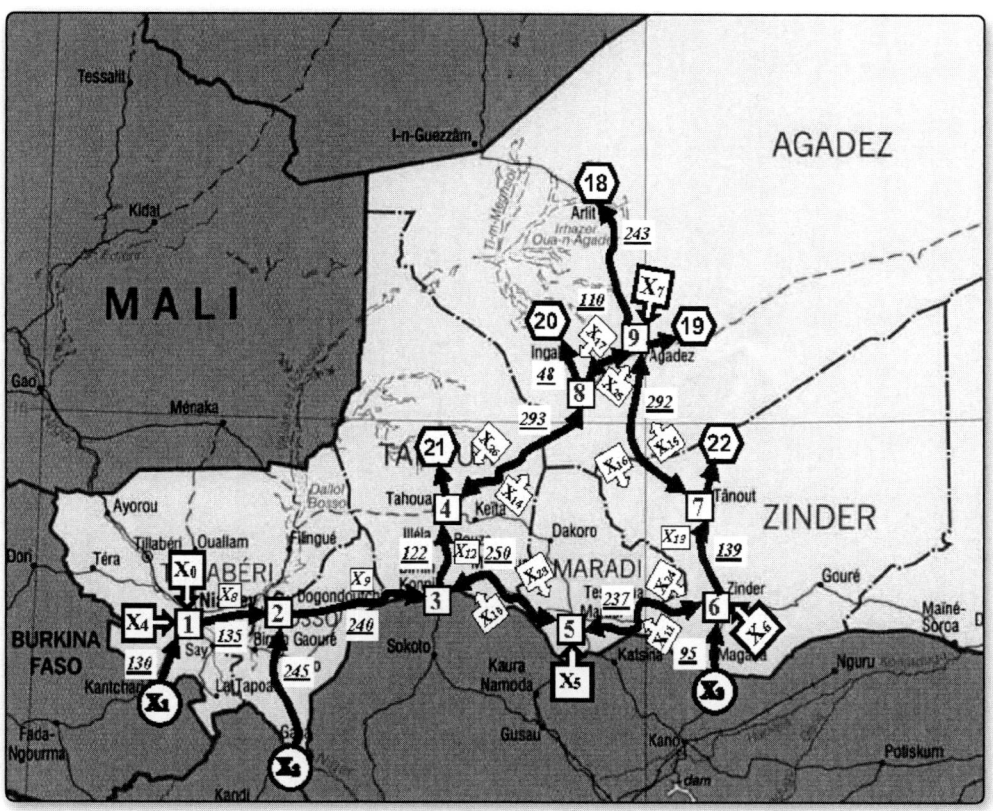

La formulación del problema de optimización es la siguiente:

$$Max\ (X_{18} + X_{19} + X_{20} + X_{21} + X_{22})$$

Restricciones:

Equilibrio en los nodos (9):

$$\sum_{j \in I} X_j = \sum_{k \in I'} X_k$$

Flujo de entrada = flujo de salida; denotando *j* los arcos con flujo de entrada a cada uno de los 9 nodos en cuestión (cuadrados en el mapa esquema), y *k* los arcos con flujo de salida.

Demanda mínima de ayuda y equidad en el reparto (10):

$$X_j \geq 2000\ ;\ j = 18, 19, 20, 21, 22$$

$$X_j \leq 0{,}4\ (6000 \times 3 + 4320 + 3000) = 10\ 128\ ;\ j = 18, 19, 20, 21, 22$$

Acceso de la ayuda por carretera (3):

$$X_i \leq 6000\ ;\ i = 1, 2, 3$$

Accesos de la ayuda por avión (4):

Desde aeropuertos al resto del país:

$$X_0 + X_4 + X_5 + X_6 + X_7 \leq 6000$$

Límite en cargueros medianos:

$$X_0 \leq 30 \times 3 \times 48 = 4320$$

Límite en cargueros pequeños:

$$X_4 + X_5 + X_6 + X_7 \leq 3 \times 10 \times 100 = 3000$$

Límite por seguridad en Agadez:

$$X_7 \leq 5 \times 10 \times 13 = 650$$

Valores positivos: $X_j \geq 0$ para todos los arcos de la red

Buscar la solución del problema en SOLVER

http://tiny.cc/297_94_1_EJER13

La cantidad máxima de cereales que se puede distribuir a la población en estos tres meses de penuria vale: 24 000 toneladas

La distribución óptima es:

$$X_{18} = 10\ 128;\ X_{19} = 2000;\ X_{20} = 2000;\ X_{21} = 2000;\ X_{22} = 7872$$

El coste de distribución interior por carretera que debe asumir la agencia de ayuda humanitaria es: **3 801 835 euros**, que se calcula multiplicando los flujos de la solución en cada arco de la red, por la distancia (ver mapa página 77) y por 2 euros / km.

Se observa que el límite a la distribución interior por carretera (200 camiones/mes) restringe la llegada de aviones medianos y pequeños.

Apartado b)

Con este objetivo se trata de minimizar el coste de distribución.

$$Min\ C = \sum_{j \in R} 0,2 \times D_j \times X_j$$

Este sumatorio se extiende al conjunto R de los arcos j de la red de carreteras de Niger utilizada en la distribución de la ayuda. D_j es la longitud de cada arco de la red, y X_j es la cantidad de cereales en toneladas que transita por cada arco j de la red.

Las restricciones son las mismas, pero habrá que añadir la cantidad máxima a distribuir:

$$X_{18} + X_{19} + X_{20} + X_{21} + X_{22} = 24\ 000$$

Se mantienen en principio las 5 restricciones de equidad en el reparto:

Buscar la solución del problema en SOLVER

http://tiny.cc/297_94_1_EJER13

En este caso el coste de distribución interior por carretera que debe asumir el organismo de ayuda humanitaria es: **2 618 128 euros**, luego está en lo cierto.

La distribución óptima en este caso es:

$$X_{18} = 2000;\ X_{19} = 2000;\ X_{20} = 2000;\ X_{21} = 10\ 128;\ X_{22} = 7872$$

Ciertamente se produce un ahorro por distribuir muchos más cereales en Tahoua, que está más accesible a los suministros por carretera y avión.

Apartado c)

Con este criterio estamos en el mismo problema que en el apartado b), pero introduciendo nuevas restricciones de demanda y equidad en el reparto:

$$X_j \geq 0{,}9 \times 24\,000 /5 \,=\, 4320; \quad j = 18, 19, 20, 21, 22$$

$$X_j \leq 1{,}1 \times 24\,000 /5 \,=\, 5280; \quad j = 18, 19, 20, 21, 22$$

Buscar la solución del problema en SOLVER

http://tiny.cc/297_94_1_EJER13

En este caso el coste de distribución interior por carretera que debe asumir el organismo de ayuda humanitaria es: **3 238 282 euros**. Se encarece bastante el transporte.

La distribución óptima en este caso es:

$$X_{18} = 4320; \; X_{19} = 4320; \; X_{20} = 4800; \; X_{21} = 5280; \; X_{22} = 5280$$

Apartado d)

1. Obteniendo el informe de sensibilidad en SOLVER, se observa que el mayor precio sombra en valor absoluto corresponde al acceso por carretera del nodo 3 (Kano). El precio sombra vale: -100,8. Por lo tanto, el coste de distribución se reduciría en: 100,8 × 100 = 10 080 €.

2. En el mismo informe de sensibilidad se observa que el precio sombra de la restricción de demanda total vale 147,6. Por lo tanto, el aumento del coste de distribución sería: 147,6 × 100 = 14 760 €.

3. En el mismo informe de sensibilidad se obtiene el coste reducido para todas las variables. Eligiendo los aviones pequeños, se observa que el único coste reducido corresponde a los aviones que entran por la capital Niamey, y vale 93,8. Por lo tanto, el mayor aumento del coste se produciría con aviones pequeños en Niamey: 93,8 × 100 = 9380 €.

Ejercicio 14

La Comunidad Valenciana produce 2 500 000 toneladas/año de basuras. Para resolver el problema del vertido de estas basuras se plantean 4 nuevas plantas incineradoras para las que se barajan 6 posibles localizaciones (1, 2, 3, 4, 5 y 6 en el plano de la página siguiente), que complementan a los 4 vertederos principales en servicio (Villena 7, Jijona 8, Onda 9, Dos aguas 10). Se supone que las zonas generadoras de basura se concentran en el Area de Valencia (11), de La Plana (12), de Alicante (13), Elche (14), La Marina (15), La Safor (16) y La Alcoià (17), que producen respectivamente el 35 %, 15 %, 15 %, 10 %, 10 %, 10 % y 5 % de las basuras. Entre las 4 nuevas incineradoras deben quemar al menos la mitad de las basuras producidas, la capacidad mínima económica de cada una es 100 000 t/año incineradas y la capacidad máxima es 400 000 t/año incineradas. Cada uno de los vertederos actuales no puede sobrepasar las 400 000 t/año, y debe mantenerse en funcionamiento con un mínimo de 100 000 t/año.

Se transporta con camiones de 10 t en viajes directos de ida y vuelta entre área urbana y lugar de vertido / incineración, con coste 1 €/km por viaje de camión, en carga o en vacío. SE considera que los viajes de vuelta se hacen por el mismo trayecto que los de ida. Se utiliza la red del mapa, en donde las flechas indican los arcos que sólo pueden tener sentido único para la descarga de basuras. En el resto, el sentido vendrá dado en función de los resultados de la optimización. Se indican las distancias de cada tramo.

a) Atendiendo únicamente al coste de transporte, determinar las 2 localizaciones a descartar y la capacidad óptima de cada planta incineradora. Calcular el coste de transporte anual que resulta. En este caso a), obteniendo los informes de SOLVER adecuados, responder razonadamente apoyándose en dichos informes a las siguientes cuestiones:

a.1. *Si 10 000 t/año deben ser transportadas en el tramo comprendido entre los nodos 6 y 8 en el plano, ¿cuál es el incremento del coste de transporte que esto genera?*

a.2. *Si la dimensión máxima de una incineradora pudiera aumentar 10 000 t/año, ¿en qué incineradora debería producirse este aumento y cuál sería la reducción del coste de transporte correspondiente?*

b) Si por motivos político–territoriales cada provincia debe incinerar al menos el 80 % de sus basuras, determinar las 2 localizaciones a descartar, la capacidad óptima de cada planta incineradora y el coste de transporte anual que resulta.

c) Si en el caso a) el tramo 1 – 13 tuviera el tráfico de camiones para el vertido (ida) limitado por las características de la vía y el resto del tráfico a 100 camiones / día (5 días por semana), ¿cuál sería el aumento del coste? ¿Por dónde se desviaría el tráfico?

d) Si solamente se quisiera construir una incineradora de capacidad máxima 1 500 000 t/año, ¿cuál sería la localización óptima? Calcular el coste de transporte anual que resulta.

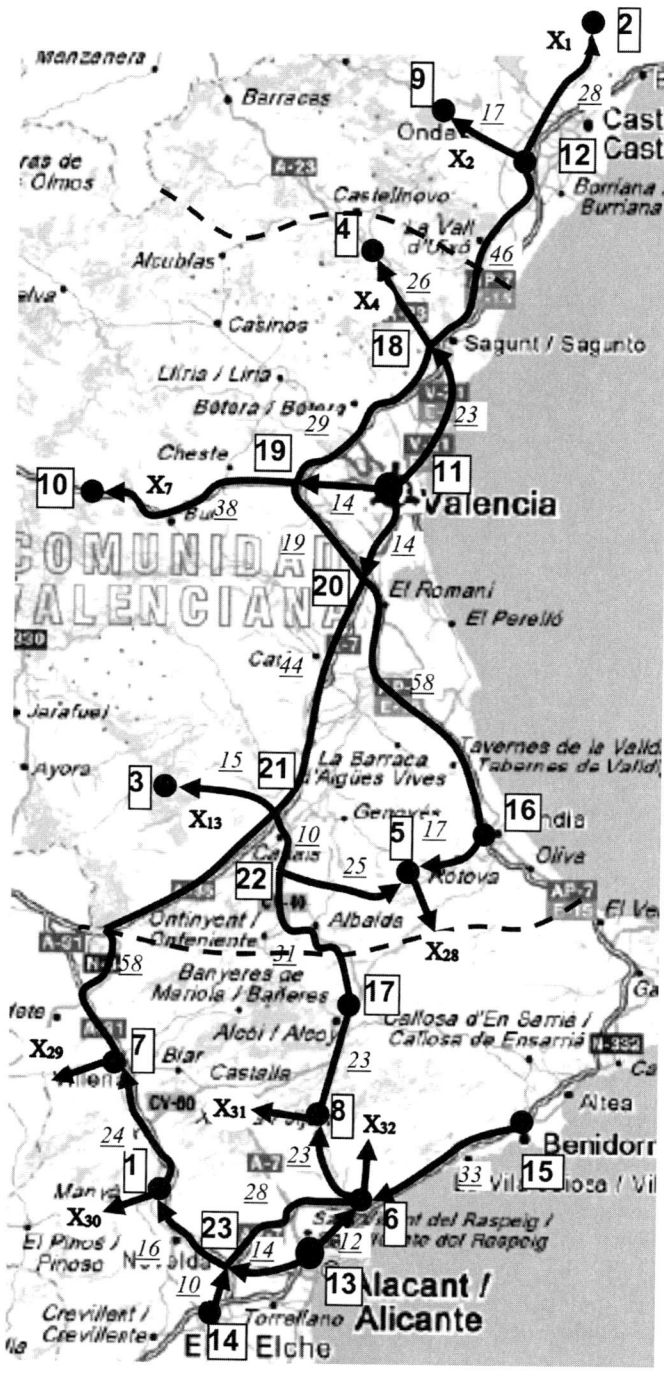

Solución

Apartado a)

Se trata de encontrar el coste mínimo de transporte:

$$Min\ C = \sum_{j \in R} 2D_j X_j$$

Este sumatorio se extiende al conjunto R de los arcos j de la red de la figura. D_j es la longitud de cada arco de la red, y X_j es la cantidad de camiones de basura que circula en el período de tiempo considerado (un año) por el arco j. Se admiten los dos sentidos de circulación, por lo tanto, en un arco podrá existir el flujo en uno u otro sentido. Se supondrá así cuando no se conozcan los sentidos a priori. En algunos arcos que confluyen a los nodos de producción de basuras el sentido solamente puede ser de salida, en otros que confluyen a las incineradoras el sentido sólo puede ser de entrada. Con este planteamiento aparecen 41 posibles incógnitas de flujo en red, incluyendo todas las entradas a las plantas incineradoras, existentes y planificadas.

Restricciones:

Equilibrio en los nodos de la red con varios flujos (16):

$$\sum_{j \in I} X_j = \sum_{k \in I'} X_k$$

Flujo de entrada = flujo de salida; denotando j los arcos con flujo de entrada a cada uno de los 16 nodos en cuestión, y k los arcos con flujo de salida.

En los nodos con entrada de basuras el equilibrio es:

Nodo 11 (Valencia):

$$-X_6 - X_8 - X_{10} + 87\ 500 = 0$$

Nodo 12 (Castellón):

$$-X_1 - X_2 - X_3 + X_{33} + 37\ 500 = 0$$

Nodo 13 (Alicante):

$$-X_{19} - X_{26} + 37\ 500 = 0$$

Nodo 23 (Elche):

$$-X_{22} - X_{20} + X_{25} + X_{26} + 25\ 000 = 0$$

Nodo 6 (La Marina):

$$-X_{24} - X_{25} + X_{20} + X_{19} - X_{32} + 25\ 000 = 0$$

Nodo 16 (La Safor):

$$-X_{37} - X_{16} + X_{11} + 25\ 000 = 0$$

Nodo 17 (L'Alcoià):

$$-X_{17} - X_{23} + X_{40} + X_{41} + 12\ 500 = 0$$

Capacidad de las incineradoras (14):

Actuales:

$$X_j \geq 10\,000 \; ; \; j = 2, 7, 29, 31$$

$$X_j \leq 40\,000 \; ; \; j = 2, 7, 29, 31$$

Futuras:

$$X_j \leq 40\,000 \; ; \; j = 1, 4, 13, 28, 30, 32$$

$$X_1 + X_4 + X_{13} + X_{28} + X_{30} + X_{32} \geq 125\,000$$

Valores positivos: $X_j \geq 0$ para todos los arcos de la red con este planteamiento.

Buscar la solución del problema en SOLVER

http://tiny.cc/297_94_1_EJER14

La solución del problema lineal en redes es la siguiente:

Incineradoras y t/año de basura a incinerar:

Nuevas localizaciones:

1	2	3	4	5	6
37 5000	0	75 000	400 000	250 000	400 000

Localizaciones existentes:

7	8	9	10
100 000	125 000	375 000	400 000

Se incinerarían 1 500 000 t/año en las nuevas instalaciones y 1 000 000 t/año en las existentes. El coste de transporte sería: 14 865 000 euros/año

Ahora bien, se deben descartar 2 localizaciones. Según el informe de sensibilidad de SOLVER, tendrían que ser:

- La n.º 2, que es obviamente descartable porque no se utilizaría.
- La n.º 3 y la n.º 5 tienen igual coste reducido. Por lo tanto, es preciso eliminar la n.º 2 y recalcular eliminando o la n.º 3 o la n.º 5. Evidentemente habrá que eliminar la n.º 3 que incinera menos cantidad.

Recalculando el resultado es:

Nuevas localizaciones:

1	4	5	6
375 000	400 000	300 000	400 000

Localizaciones existentes:

7	8	9	10
100 000	125 000	400 000	400 000

Por lo tanto, se incinerarían 1 475 000 t/año en las 4 nuevas instalaciones y 1 025 000 t/año en las existentes. El coste de transporte sería: 15 090 000 euros/año, solo ligeramente superior a operar con 5 incineradoras.

a.1. *Si 10 000 t/año deben ser transportadas en el tramo comprendido entre los nodos 6 y 8 en el plano, ¿cuál es el incremento del coste de transporte que esto genera?*

Se trata de la variable X_{24}

Basta buscar el coste reducido de esa variable en el informe de sensibilidad de SOLVER. Vale 10. Por lo tanto, el incremento de coste será 10 eur x 1000 camiones = 10 000 euros/año

a.1. *Si la dimensión máxima de una incineradora pudiera aumentar 10 000 t/año, ¿en qué incineradora debería producirse este aumento y cuál sería la reducción del coste de transporte correspondiente?*

En este caso hay que buscar los costes reducidos de las nuevas incineradoras.

Son los siguientes:

1	4	5	6
0	-80	0	-36

Por lo tanto, se debería aumentar la dimensión de la incineradora 4, y se reduciría el coste de transporte: 80 x 1000 = 80 000 euros/año

Apartado b)

Se trata de encontrar el mismo coste mínimo de transporte, pero introduciendo nuevas restricciones para respetar el objetivo de reparto territorial:

Valencia: deberá incinerar al menos (0,45 x 2 500 000).(8/10) = 900 000 t

$$X_4 + X_7 + X_{13} + X_{28} \geq 90\ 000$$

Castellón: deberá incinerar al menos (0,15 x 2 500 000).(8/10) = 300 000 t

$$X_1 + X_2 \geq 30\ 000$$

Alicante: deberá incinerar al menos (0,40 x 2 500 000).(8/10) = 800 000 t

$$X_{29} + X_{30} + X_{31} + X_{32} \geq 80\ 000$$

Buscar la solución del problema en SOLVER

http://tiny.cc/297_94_1_EJER14

La solución del problema lineal en redes en este caso es la siguiente:

Incineradoras y t/año de basura a incinerar:

Nuevas localizaciones:

1	2	3	4	5	6
375 000	0	75 000	400 000	250 000	400 000

Localizaciones existentes:

7	8	9	10
100 000	125 000	375 000	400 000

La solución no cambia, debido a que las localizaciones óptimas en a) sirven ya al 100 % a los vertidos de la misma provincia. El coste de transporte es el mismo y se deben descartar las mismas 2 localizaciones (1 y 3), con lo cual se siguen respetando las nuevas restricciones.

Apartado c)

El tramo 1-13 comprende los arcos X_{22} y X_{26}.

En el caso a) con 4 nuevas incineradoras hay que aplicar estas nuevas restricciones.

$$X_{22} \leq \frac{100 \times 365 \times 5}{7} = 26\,071$$

$$X_{26} \leq \frac{100 \times 365 \times 5}{7} = 26\,071$$

Buscar la solución del problema en SOLVER

http://tiny.cc/297_94_1_EJER14

La solución del problema lineal en redes en este caso es la siguiente:

Incineradoras y t/año de basura a incinerar:

Nuevas localizaciones:

1	4	5	6
160 710	400 000	300 000	400 000

Localizaciones existentes:

7	8	9	10
100 000	339 290	400 000	400 000

Por lo tanto, se incinerarían 1 260 710 t/año en las 4 nuevas instalaciones y 1 239 290 t/año en las existentes. El coste de transporte sería: 15 304 290 euros/año.

En cuanto al tráfico, la diferencia con el caso a) se limita a los arcos siguientes:

Arco	19	22	24	26	30	31
Caso c)	36 429	26 071	21 429	1071	16 071	33 929
Caso a)	15 000	47 500	0	22 500	37 500	12 500

La incineradora 1 rebaja mucho sus toneladas tratadas, de 375 000 a 160 710.

Apartado d)

El informe de sensibilidad de SOLVER no puede responder al problema directamente, puesto que al quitar una localización el problema cambia. Es preciso entonces resolver 5 problemas diferentes anulando respectivamente los valores de las otras 4 nuevas incineradoras.

$$X_j \leq 150\,000$$

$$X_k = 0$$

Para todo $k \neq j$. Esta operación se realiza para los 5 valores no nulos del apartado a):

$$j = 4, 13, 28, 30, 32$$

Es preciso también eliminar las restricciones de capacidad de incineradoras futuras del caso a).

Buscar la solución del problema en SOLVER

http://tiny.cc/297_94_1_EJER14

Hay 3 soluciones factibles. La solución de coste mínimo es la siguiente:

Incineradoras y t/año de basura a incinerar:

Nuevas localizaciones:

5
900 000

Localizaciones existentes:

7	8	9	10
400 000	400 000	400 000	400 000

La localización óptima es la incineradora 5, con un coste de transporte de 23 655 000 euros/año, lo cual resulta lógico por su cercanía el centro de gravedad de la producción de basuras.

En este supuesto no se respeta que la nueva incineradora queme al menos la mitad de las basuras producidas. Si se impusiera esta condición la solución sería:

Nuevas localizaciones:

5
1 250 000

Localizaciones existentes:

7	8	9	10
375 000	100 000	375 000	400 000

El coste de transporte aumentaría a 26 190 000 euros/año.

Ejercicio 15

(adaptado de Bazaraa y Jarvis «*Linear Programming and Network Flows*», pg. 437)

20 millones de barriles de petróleo deben ser transportados desde Dhahran hasta Rotterdam, Marsella y Nápoles (ver mapa adjunto). Las demandas de estos puertos son 4, 12 y 4 millones de barriles respectivamente. Hay 3 rutas posibles de transporte:

a) por el sur de Africa hasta los 3 puertos de destino. El coste medio de transporte por barril es 1,2 €, 1,4 € y 1,4 € hasta Rotterdam, Marsella y Nápoles respectivamente.

b) de Dhahran por el Canal de Suez hasta Port Said, y de allí hasta los 3 puertos de destino. El coste medio de transporte por barril es 0,5 € de Dhahran hasta Port Said, y de 0,25 €, 0,2 € y 0,15 € desde Port Said hasta Rotterdam, Marsella y Nápoles respectivamente.

c) de Dhahran hasta Suez (coste 0,3 €/barril), y de aquí por oleoducto hasta Alejandría (coste 0,15 €/barril). El coste medio de transporte por barril desde Alejandría es 0,22 €, 0,2 € y 0,15 € hasta Rotterdam, Marsella y Nápoles respectivamente.

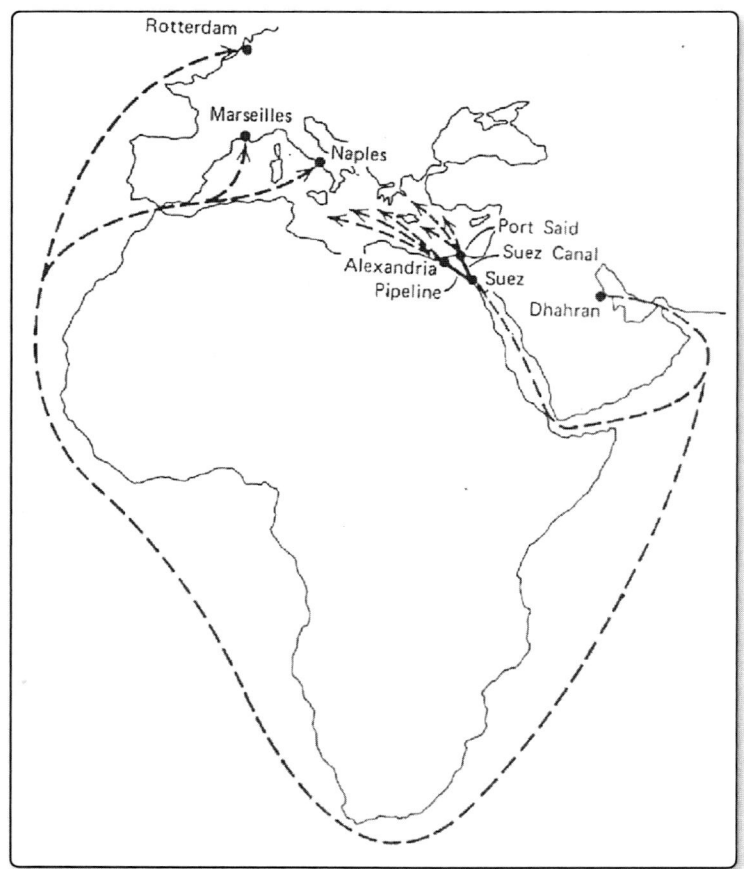

Además, 30 % del petróleo en Dhahran es transportado por grandes petroleros que no pueden atravesar el Canal de Suez; y el oleoducto desde Suez hasta Alejandría tiene una capacidad máxima de 10 millones de barriles en el período de tiempo considerado.

Plantear las ecuaciones del problema de optimización para averiguar la cantidad de petróleo que deberá transportarse por cada una de las rutas planteadas.

Razónese con qué algoritmo debería resolverse este problema. Plantear el problema de forma completa para su solución con SOLVER.

Solución

El ejercicio puede resolverse de varias maneras. Una de ellas es asimilarlo a un problema de optimización en redes de transporte. Los tramos serían los siguientes:

1-Dhahran – Rotterdam; 2-Dhahran – Marsella; 3- Dhahran – Nápoles; 4- Dhahran – Suez; 5-Suez-Alejandría; 6- Alejandría–Rotterdam; 7- Alejandría–Marsella; 8- Alejandría–Nápoles; 9-Dhahran – Port Said; 10- Port Said -Rotterdam; 11- Port Said – Marsella; 12- Port Said – Nápoles.

Se trata de encontrar el coste mínimo de transporte:

$$Min\ C = \sum_j C_j X_j \qquad\qquad (j= 1,..., 12)$$

En donde C_j es el coste por barril transportado en el tramo j, y X_j es la cantidad de barriles de petróleo transportados por j.

Los sentidos de los flujos son evidentes. Las restricciones son:

Equilibrio en los nodos (7):

$$\sum_{j\in I} X_j = \sum_{k\in I'} X_k$$

Flujo de entrada = flujo de salida; denotando j los arcos con flujo de entrada al nodo en cuestión y k los arcos con flujo de salida.

Demanda (3):

$$X_1 + X_6 + X_{10} = 4\ 000\ 000 \qquad X_2 + X_7 + X_{11} = 12\ 000\ 000 \qquad X_3 + X_8 + X_{12} = 4\ 000\ 000$$

Producción (1):

$$X_1 + X_2 + X_3 + X_4 + X_9 = 20\ 000\ 000$$

Ruptura de carga en Port Said (1):

$$X_{10} + X_{11} + X_{12} = X_9$$

Intercambio modal en Alejandría (2):

$$X_6 + X_7 + X_8 = X_5 \qquad\qquad X_4 = X_5$$

Limitación de capacidad (2):

$$X_9 \leq 14\,000\,000 \qquad X_5 \leq 10\,000\,000$$

Valores positivos (12): $X_j \geq 0$

El problema es lineal. Al haber un número muy elevado de barriles podemos plantearlo en variables reales (aplicación del método simplex).

Buscar la solución del problema en SOLVER

http://tiny.cc/297_94_1_EJER15

$Cmin = 13\,380\,000$ €

$X_j = $ (BARRILES)

1	2	3	4	5	6	7	8	9	10	11	12
0	0	0	10 000 000	10 000 000	4 000 000	2 000 000	4 000 000	10 000 000	0	10 000 000	0

Lo cual significa que no transitan barcos por la ruta a). Por la ruta b) transitan 10 millones de barriles, que van todos a Marsella. Por la ruta c) transitan 10 millones de barriles (capacidad del oleoducto), que se encaminan luego a Rotterdam (4 millones), Nápoles (4 millones) y Marsella (2 millones).

Existen otras soluciones óptimas. El encontrar unas u otras depende de los valores iniciales de la solución que utilizará el algoritmo *simplex*.

Por ejemplo, otra solución óptima es la siguiente:

$Cmin = 13\,380\,000$ €

$X_j = $ (BARRILES)

1	2	3	4	5	6	7	8	9	10	11	12
0	0	0	10 000 000	10 000 000	4 000 000	6 000 000	0	10 000 000	0	6 000 000	4 000 000

Ejercicio 16

En la red de la figura adjunta (1 cm = 1 km), en la que ningún giro está prohibido y todas las calles tienen doble sentido, para los viajes con origen el almacén 1 y destino la tienda 6

a) Plantear el método simplex en redes para calcular el itinerario de coste de transporte mínimo (el coste de transporte es proporcional a la longitud recorrida)

b) Aplicar el método de Djikstra para calcular el itinerario de coste de transporte mínimo

c) Calcular el factor de ruta de la red, si sólo son núcleos generadores y atractores de viajes 1, 6, 4, 7

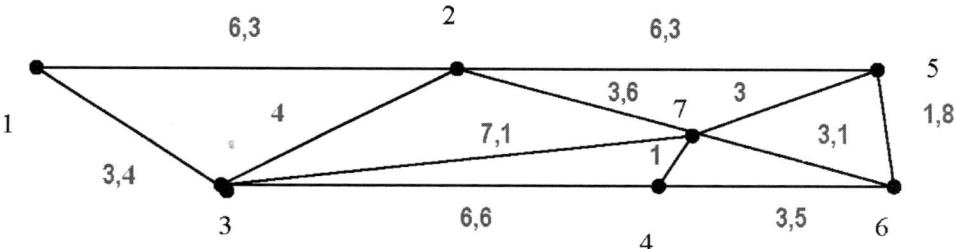

Solución

Apartado a)

Se trata de encontrar el coste mínimo de transporte:

$$Min\ C = \sum_j C_j X_j \qquad (j = 1, ..., 12)$$

En donde C_j es la longitud del arco j, y X_j es el flujo en dicho arco.

Los sentidos de los flujos son evidentes.

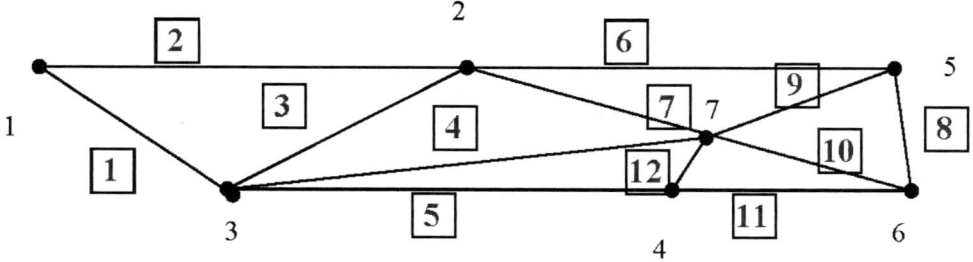

Las restricciones son:

Equilibrio en los nodos (7):

$$\sum_{j \in I} X_j = \sum_{k \in I'} X_k$$

Flujo de entrada = flujo de salida; denotando j los arcos con flujo de entrada al nodo en cuestión y k los arcos con flujo de salida.

$$X_2 + X_3 - X_7 - X_6 = 0 \qquad X_1 - X_3 - X_4 - X_5 = 0$$

$$X_6 + X_9 - X_8 = 0 \qquad X_5 - X_{12} - X_{11} = 0 \qquad X_8 + X_{10} + X_{11} = 1$$

$$X_7 + X_4 + X_{12} - X_9 - X_{10} = 0$$

Valores positivos y enteros (24): $X_j \geq 0 \qquad X_j = int$

El problema es lineal en variables enteras binarias (1/0). El SOLVER utilizará el método de «Branch and bound».

Buscar la solución del problema en SOLVER

http://tiny.cc/297_94_1_EJER16

$$Cmin = 13 \text{ km}$$
$$X_j = 1 \text{ para } j = 2, 7 \text{ y } 10.$$

Luego la ruta de coste de transporte mínimo es arco 2 – arco 7- arco 10.

Apartado b)

Método de Djikstra:

Llamemos V al vector de nodos visitados, B al vector de la matriz backnode y T al vector de la matriz de conexiones.

Paso 1:

V=(T; F; F; F; F; F; F)

T=(0; 6,3; 3,4; _; _; _; _)

B=(1; 1; 1; _; _; _; _)

Paso 2:

V=(T; F; T; F; F; F; F)

T=(0; 6,3; 3,4; 10; _; _; 10,5)

B=(1; 1; 1; 3; _; _; 3)

Paso 3:

V=(T; T; T; F; F; F; F)

T=(0; 6,3; 3,4; 10; 12,6; _; 9,9)

B=(1; 1; 1; 3; 2; _; 2)

Paso 4:

V=(T; T; T; F; F; F; T)

T=(0; 6,3; 3,4; 10; 12,6; 13; 9,9)

B=(1; 1; 1; 3; 2; 7; 2)

Paso 5:

V=(T; T; T; T; F; F; T)

T=(0; 6,3; 3,4; 10; 12,6; 13; 9,9)

B=(1; 1; 1; 3; 2; 7; 2)

Paso 6:

V=(T; T; T; T; F; T; T)

T=(0; 6,3; 3,4; 10; 12,6; 13; 9,9)

B=(1; 1; 1; 3; 2; 7; 2)

Paso 7:

V=(T; T; T; T; T; T; T)

T=(0; 6,3; 3,4; 10; 12,6; 13; 9,9)

B=(1; 1; 1; 3; 2; 7; 2)

La matriz B marca el itinerario de coste mínimo, y este coste viene dado por la matriz T (13 km).

Apartado c)

Factor de ruta $K = (\Sigma$ distancias en la red$)/(\Sigma$ distancias en línea recta$)$

$$K = \frac{(6,3+3,6)+(6,3+3,6+3,1)+(3,4+6,6)+(6,6+3,4)+1+3,5+(3,6+6,3)+3,1+1+(3,1+3,6+6,3)+3,5+3,1}{(7,26+7,42+10,66)+(7,42+1+3,5)+(7,26+3,1+1)+(10,66+3,5+3,1)}$$

$$K=1,23$$

Ejercicio 17

La figura adjunta representa una red ferroviaria, con tramos de circulación de sentido único. Los números en los tramos representan el tiempo que tarda el tren en circular por cada tramo 2 locomotoras están en la estación 2 y una locomotora en la estación 1. Se necesitan 3 locomotoras en el apartadero ferroviario 6. Formular el problema de optimización para encontrar la solución que minimice el tiempo de transporte de las locomotoras a su destino.

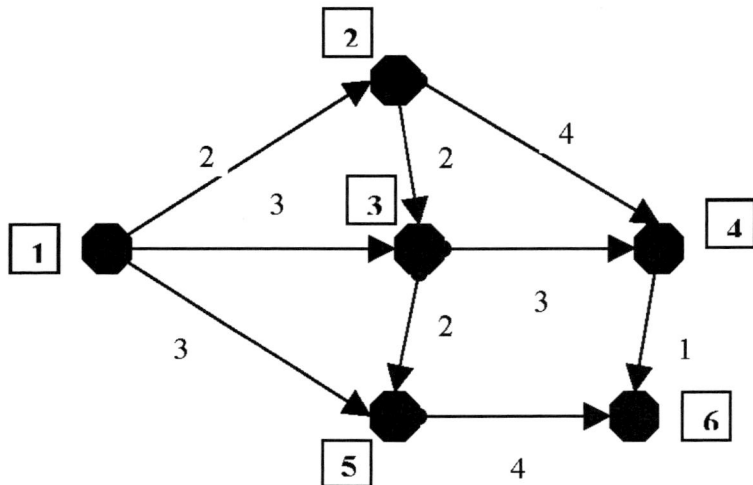

Plantear el problema de forma completa para su solución con SOLVER en la hoja de EXCEL adjunta.

¿Proporciona esta solución los caminos críticos desde 1 y 2 hasta 6?

Plantear el problema de optimización para obtener el flujo máximo posible de locomotoras entre 1 y 6, sabiendo que el flujo máximo en los tramos que salen de la estación 1 es de 5 locomotoras, y en el resto de 4 locomotoras. Resolver este problema por el teorema del flujo máximo/corte mínimo.

Solución

Se trata de encontrar el tiempo total mínimo de transporte:

$$Min C = \sum_j C_j X_j \qquad\qquad (j = 1, ..., 9)$$

En donde C_j es el tiempo invertido por la locomotora en recorrer el arco j, y X_j es el n.° de locomotoras que circulan por dicho arco.

Los arcos son direccionales, luego no nos preocupamos por el sentido de los flujos.

96

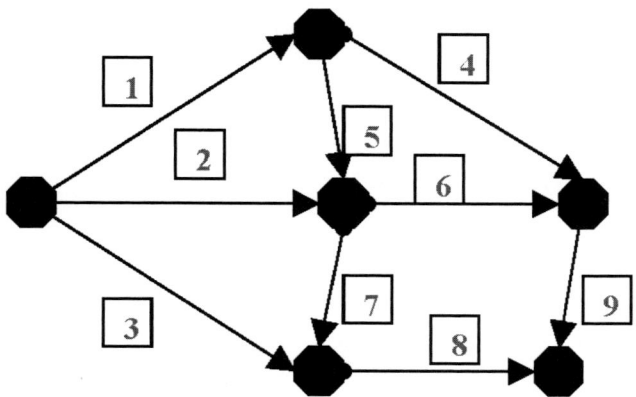

Las restricciones son:

Equilibrio en los nodos (6):

$$\sum_{j \in I} X_j = \sum_{k \in I'} X_k$$

Flujo de entrada = flujo de salida; denotando *j* los arcos con flujo de entrada al nodo en cuestión y *k* los arcos con flujo de salida.

$X_1 + X_2 + X_3 = 1$	$X_1 + 2 = X_4 + X_5$	$X_2 + X_5 - X_6 - X_7 = 0$
$X_4 + X_6 - X_9 = 0$	$X_3 + X_7 - X_8 = 0$	$X_8 + X_9 = 3$

Valores positivos y enteros (18): $X_j \geq 0$ $X_j = int$

El problema es lineal en variables enteras. El SOLVER utilizará el método de «Branch and bound».

Buscar la solución del problema en SOLVER

http://tiny.cc/297_94_1_EJER17

$Cmin = 17$ horas

$X_j = 1$ para j= 3 y 8; $X_j = 2$ para j= 4 y 9.

Luego las 2 locomotoras del nodo 2 van por 4 hasta 6, la locomotora del nodo 1 va por 5 hasta 6.

La solución del problema proporciona solamente los flujos en la red, y no los caminos críticos. Ocurre que, en este caso, por la facilidad del problema estos caminos pueden ser encontrados con rapidez.

Planteemos el problema para obtener el flujo máximo posible de locomotoras entre 1 y 6. Tenemos dos formas de abordar el problema:

a) Programación lineal.

$$Max\_f$$

Las restricciones son:

Equilibrio en los nodos (6):

$$X_1 + X_2 + X_3 = f \qquad X_1 = X_4 + X_5 \qquad X_2 + X_5 - X_6 - X_7 = 0$$
$$X_4 + X_6 - X_9 = 0 \qquad X_3 + X_7 - X_8 = 0 \qquad X_8 + X_9 = f$$

Limitación de capacidad (9)

$$X_j \le 5; \quad j= 1, 2, 3$$
$$X_k \le \qquad 4 \text{ en el resto de arco}$$

Valores positivos y enteros (18): $X_j \ge 0 \qquad X_j = int$

Los sentidos de los flujos son los del apartado anterior.

Buscar la solución del problema en SOLVER

http://tiny.cc/297_94_1_EJER17

$f\,max$ = 8 locomotoras

X_j = (locomotoras circulando)

1	2	3	4	5	6	7	8	9
5	3	0	1	4	3	4	4	4

b) Teorema del flujo máximo – corte mínimo

En la figura adjunta se representan varios cortes de la red con sus correspondientes flujos. La capacidad mínima es 8 locomotoras, que será entonces la solución.

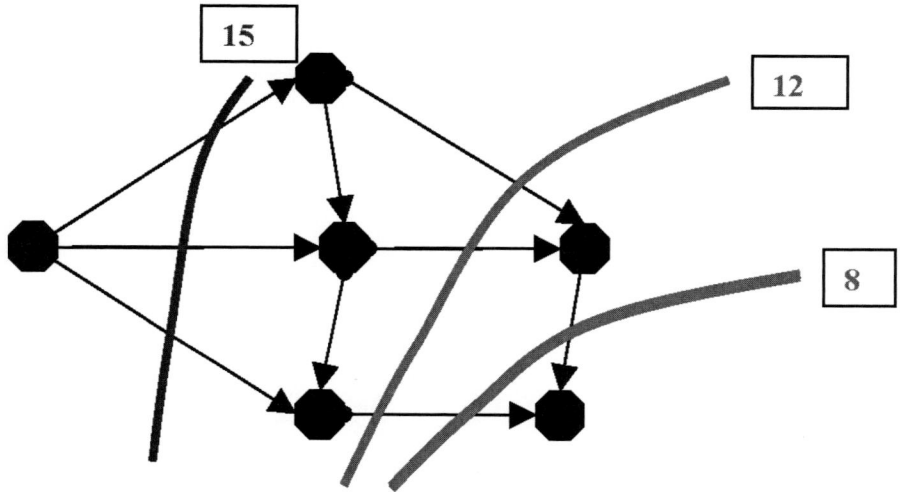

Ejercicio 18

Se pretende minimizar los costes de transporte de contenedores de 30 pies procedentes de 3 puertos de entrada a cierta área. La red de transporte y los centros de demanda se representan en la figura adjunta. Todas las líneas simbolizan la red de carreteras y la de ferrocarriles, que discurren paralelas. Los tramos en línea continua, tanto de carretera como de ferrocarril, tienen una longitud de 200 km.

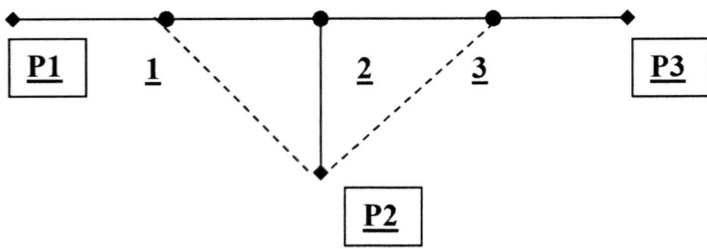

El coste del transporte por ferrocarril es de 0,4 EUR/ km por contenedor de 30 pies, y 0,8 EUR/km por carretera. Todos los tramos de ferrocarril tienen una limitación de capacidad a una cantidad de 100 contenedores en el período considerado. Se admite el trasbordo carretera-ferrocarril

Cada centro debe recibir 200 contenedores en cierto período de tiempo. Plantear el problema para averiguar qué puertos de entrada debe utilizar la empresa importadora y cuántos contenedores entrarán por cada puerto. Razónese con qué algoritmo debería resolverse este problema. Plantear el problema si se desea que todos los contenedores entren por un solo puerto. Si no se admite el trasbordo carretera-ferrocarril por el sobrecoste que acarrea, razónese si el algoritmo aplicado en los casos anteriores sigue siendo válido.

Solución

Se trata de encontrar el coste mínimo de transporte de los contenedores:

$$MinC = \sum_j C_j X_j + \sum_k C'_k Y_k \qquad\qquad (j,k = 1,...,7)$$

En donde C_j es el coste por contenedor transportado por carretera en el tramo j, y X_j es la cantidad de contenedores transportados por carretera en el tramo j. Análogamente, C'_k es el coste por contenedor transportado por ferrocarril en el tramo k, e Y_k es la cantidad de contenedores transportados por ferrocarril en el tramo k.

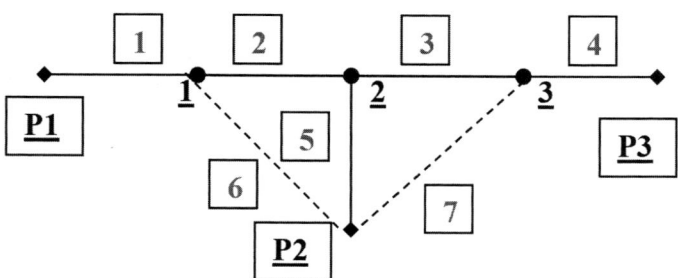

Los sentidos de los flujos son evidentes. Las restricciones son:

Equilibrio en los nodos (6):

Entrada en puertos:

$$X_1 + Y_1 = P_1 \qquad X_4 + Y_4 = P_3 \qquad X_5 + Y_5 + X_6 + Y_6 + X_7 + Y_7 = P_2$$

Demanda:

$$X_1 + Y_1 - X_2 - Y_2 + X_6 + Y_6 = 200$$
$$X_4 + Y_4 - X_3 - Y_3 + X_7 + Y_7 = 200$$
$$X_2 + Y_2 + X_3 + Y_3 + X_5 + Y_5 = 200$$

Obsérvese que las anteriores ecuaciones son ciertas solamente si se permite el trasbordo carretera-ferrocarril y viceversa.

Limitación de capacidad (7):

$$Y_j \leq 100$$

Valores positivos (14): $X_j \geq 0$ $\qquad$ $Y_j \geq 0$

El problema es lineal. Al haber un número elevado de contenedores podemos plantearlo en variables reales (aplicación del método simplex).

Buscar la solución del problema en SOLVER

http://tiny.cc/297_94_1_EJER18

$$Cmin = 62\ 624\ €$$
$$X_j = (\text{CONTENEDORES})$$

Carretera							Ferrocarril						
1	2	3	4	5	6	7	1	2	3	4	5	6	7
0	0	0	0	100	0	0	100	0	0	100	100	100	100

Entradas por puertos: 1: 100 c.; 2: 400 c.; 3: 100 c

Si los contenedores deben entrar por un solo puerto, tenemos 2 posibilidades (por la simetría del problema): puerto 2 o puertos 1-3. Bastará con modificar las ecuaciones de equilibrio en los puertos en el cuadro de restricciones.

En el caso de entrada por los puertos 1-3 hay que modificar, además, el sentido de los flujos. Las restricciones serían (entrando por 1):

$$X_1 + Y_1 = P_1$$
$$-X_5 - Y_5 + X_6 + Y_6 - X_7 - Y_7 = 0$$
$$X_1 + Y_1 - X_2 - Y_2 - X_6 - Y_6 = 200$$
$$X_3 + Y_3 + X_7 + Y_7 = 200$$
$$X_2 + Y_2 - X_3 - Y_3 + X_5 + Y_5 = 200$$

El coste mínimo en ambos casos es el siguiente:

Buscar la solución del problema en SOLVER

http://tiny.cc/297_94_1_EJER18

Puerto 2:
$$Cmin = 91\ 872\ €$$
$$X_j = (\text{contenedores})$$

Carretera							Ferrocarril						
1	2	3	4	5	6	7	1	2	3	4	5	6	7
0	0	0	0	100	100	100	0	0	0	0	100	100	100

Puerto 1:

Cmin = 158 624 €

X_j = (contenedores)

Carretera							Ferrocarril						
1	2	3	4	5	6	7	1	2	3	4	5	6	7
500	200	0	0	0	0	0	100	100	100	0	0	100	100

En el caso de que no se admitiese el trasbordo el planteamiento anterior no es válido, porque el equilibrio en los nudos no se representa adecuadamente con las variables definidas. Se debería plantear el equilibrio en los nudos separadamente para carretera y ferrocarril.

Ejercicio 19

Diseño de rutas de reparto por aproximaciones continuas

Se pretende diseñar las rutas de reparto de cierto producto en la zona céntrica de la ciudad de Valencia.

Por medio de la generación de números aleatorios (EXCEL) se determinará sobre el plano un número total de 40 puntos de reparto (por ejemplo, periódicos a kioscos). Se supondrán varios posibles almacenes de cabecera: Norte 1 (última cifra del DNI: 1 o 2; acceso Barcelona por Av. Cataluña), Norte 2 (última cifra del DNI: 3 o 4; acceso antigua carretera N-340 por Orriols), Noroeste (última cifra del DNI: 5 o 6; acceso Ademuz por GV Fernando el Católico), Oeste (última cifra del DNI: 7 u 8; acceso Madrid por A. Guimerá – salida- y S. José de Calasanz – entrada–), y Centro (última cifra del DNI: 0 o 9; almacén junto a la Plaza de Toros). En las horas de reparto un vehículo puede, como mucho, satisfacer a 15 kioscos.

Se determinarán las zonas de reparto y las rutas de cada vehículo para que el coste del transporte de distribución sea mínimo.

Solución

Tomemos el DNI siguiente: 77879358. El acceso del reparto será pues por A. Guimerá (salida) y S. José de Calasanz (entrada).

N= puntos de reparto = 40

C= clientes a atender por cada vehículo, como máximo = 15

$6/C = 0,4$ $\qquad 4C/N= 1,5$

La esbeltez óptima de las zonas de reparto vale:

$$\beta * \approx min\{1; max[4C/N; 6/C]\} = min\{1; 1,5\} = 1$$

Luego, en los posibles casos de diseño de rutas de reparto por aproximaciones continuas, nos encontramos en el caso B $(\beta * \leq 1; C > 6)$.

Hemos de ver qué valor del par $max[4C/N; 6/C]$ es el mayor y, por lo tanto, condiciona el dimensionamiento. Se trata de $4C/N= 1,5$. Por lo tanto, estamos en el caso B_1. Hemos de dividir el área de reparto en zonas en forma de sector circular (método de barrido).

Posteriormente, se construirán rutas del tipo «viajante de comercio» en cada sector. Al haber como máximo 15 clientes a atender por vehículo, la construcción de rutas es sencilla. Se puede utilizar algún programa que resuelva el TSP en coordenadas cartesianas para luego afinar en la red viaria real de Valencia (lo cual implica tener un conocimiento bastante preciso de la misma en cuanto a sentidos de circulación, tiempos de recorrido, etc.)

Resultan 2 zonas con 13 clientes y 1 zona con 14.

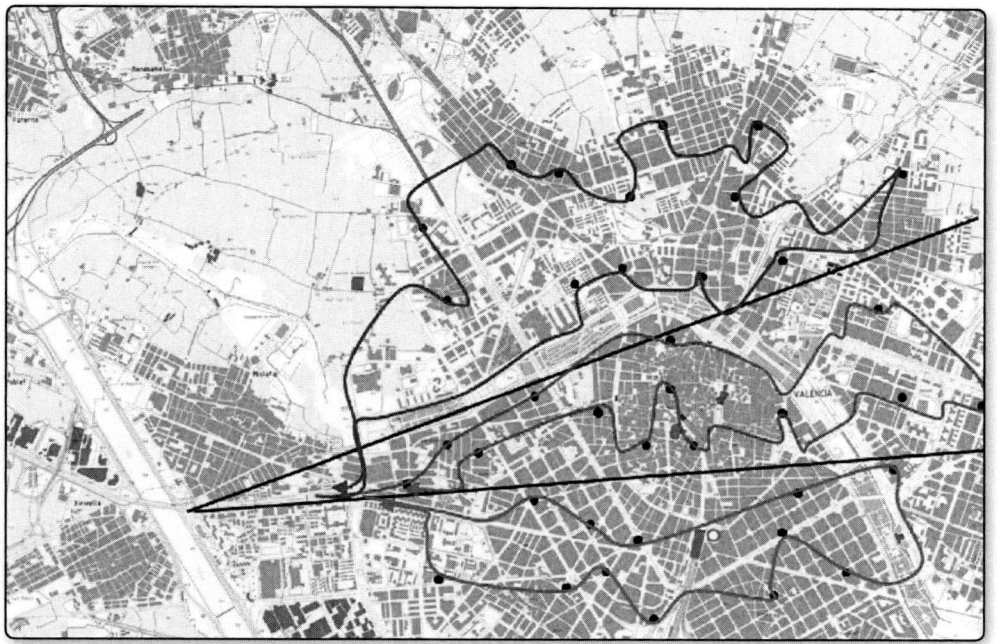

Ejercicio 20

Supóngase una red ortogonal de 4 km de ancho por 6 km de alto, con calles distantes 1 km entre sí, todas de doble sentido. Desde el extremo inferior izquierdo salen vehículos de reparto para distribuir cierta mercancía todas las mañanas, de 6 a 8 horas, con velocidad media constante de 10 km/h (incluyendo paradas). Los puntos de demanda se hallan en todas las intersecciones de la red (34). Se supone que cada km recorrido cuesta 1,5 €.

a) Construir paso a paso las rutas de reparto de coste total mínimo. Obtener ese coste.

b) Calcular el factor de ruta de esta red, suponiendo que los puntos de demanda se sitúan únicamente en el centro de los lados exteriores de la red y en los extremos superior e inferior, derecho e izquierdo.

Solución

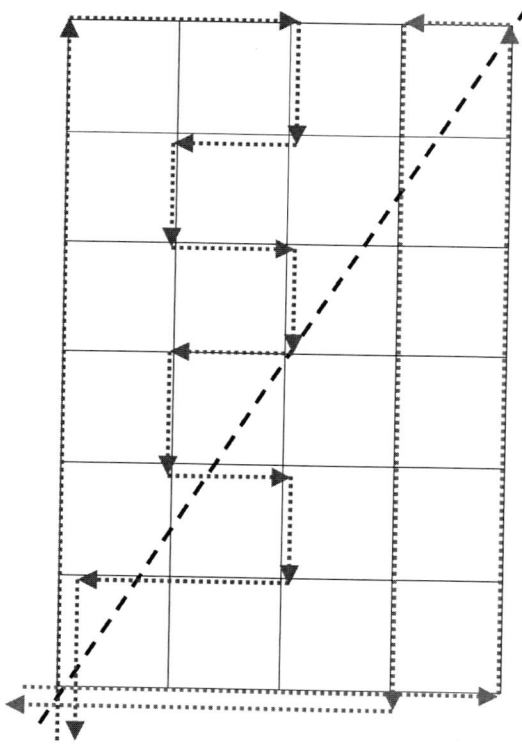

Apartado a)

Paso 1

N= puntos de reparto = 34

2 horas de reparto a 10 km/h → un vehículo puede repartir, como máximo, a 20 clientes. Por lo tanto, se precisan 2 vehículos → C= 34/2 = 17

$6/C = 0,35$ $4C/N= 2$

La esbeltez óptima de las zonas de reparto vale:

$$\beta *\approx min\{1; max[4C/N; 6/C]\} = min\{1; 2\} = 1$$

Paso 2

En los posibles casos de diseño de rutas de reparto por aproximaciones continuas, nos encontramos en el caso B $(\beta *\leq 1; C > 6)$.

Hemos de ver qué valor del par $max[4C/N ; 6/C]$ es el mayor y, por lo tanto, condiciona el dimensionamiento. Se trata de 4C/N= 2. Por lo tanto, estamos en el caso B_1. Se divide el área de reparto en 2 zonas iguales en forma de sector circular (método de barrido – véase en la figura más arriba la línea discontinua de separación entre ambas zonas).

Paso 3

Se construyen 2 rutas del tipo «viajante de comercio». Hay varias posibilidades. El recorrido en bandas se consigue fácilmente (red mallada). En la figura más arriba se representa una solución de las varias posibles.

$$Cmin = 40 \text{ km x } 1,5 \text{ €/km} = 60 \text{ €}$$

Apartado b)

Factor de ruta $K = (\sum$ distancias en la red$)/(\sum$ distancias en línea recta$)$

Haciendo uso de las simetrías:

$$K = \frac{(3+6+10+7+4+8+2)\times 4+(3+3+7+4+7+5+5)\times 2+(2+2+5+5+8+8+6)\times 2}{(3+6+7,2+5+4+6,3+2)\times 4+(3+3+5+4+5+3,6+3,6)\times 2+(2+2+3,6+3,6+6,3+6,3+6)\times 2}$$

$$K=1,209$$

Ejercicio 21

Un distribuidor realiza un reparto desde su almacén a 30 clientes, de forma diaria con 3 vehículos, en un área metropolitana con red viaria de doble sentido de circulación, en forma de malla ortogonal con 1 km de lado, con el almacén en la esquina superior derecha y los clientes como se indica en la Figura adjunta. Se supondrá que el coste de transporte unitario es el mismo en toda la red. Se supondrá que la cantidad demandada es la misma en todos los puntos de distribución.

En el esquema adjunto representar:

1. Las zonas de reparto
2. Las rutas reales de cada vehículo y la longitud total recorrida en cada ruta para que el coste del transporte de distribución sea mínimo.
3. Se determinará el factor de ruta de la red utilizada en el reparto desde la esquina superior derecha hasta los puntos con ordenada «y» mayor que 3.

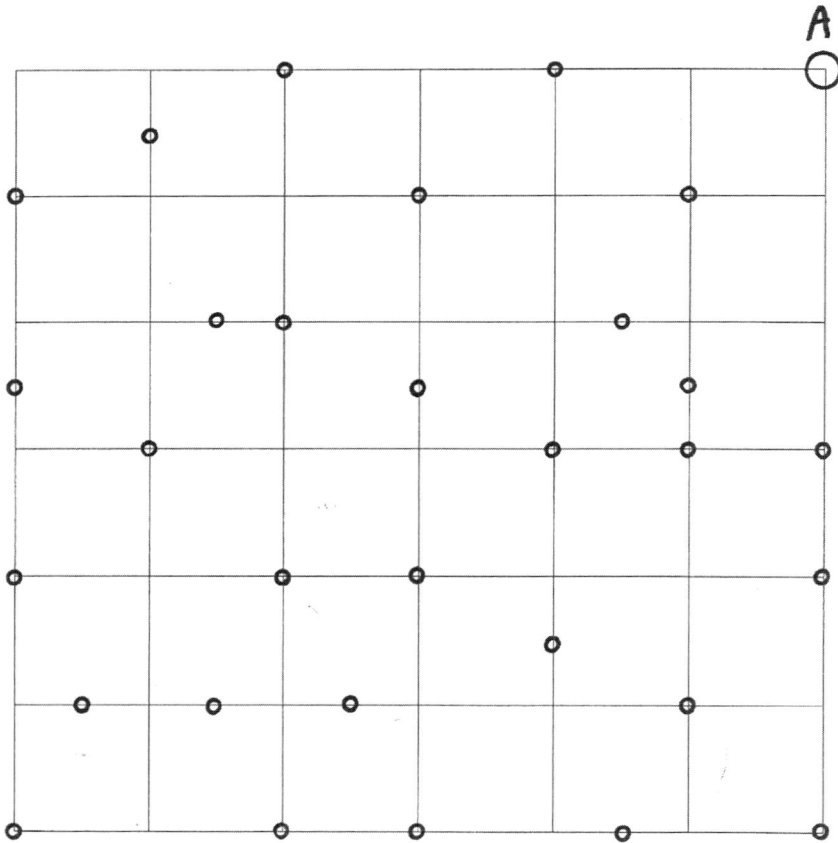

Solución

Apartados 1 y 2

N= puntos de reparto = 30

C= clientes a atender por cada vehículo, como máximo ≈ 10

6/C = 0,6   4C/N= 1,3

La esbeltez óptima de las zonas de reparto vale:

$$\beta^* \approx \min\{1; \max[4C/N; 6/C]\} = \min\{1; 1{,}3\} = 1$$

Luego, en los posibles casos de diseño de rutas de reparto por aproximaciones continuas, nos encontramos en el caso B $(\beta^* \leq 1; C > 6)$.

Hemos de ver qué valor del par[4C/N ; 6/C] es el mayor y, por lo tanto, condiciona el dimensionamiento. Se trata de 4C/N= 1,3. Por lo tanto, estamos en el caso B_1. Hemos de dividir el área de reparto en zonas en forma de sector circular (método de barrido).

Posteriormente, se construirán rutas del tipo «viajante de comercio» en cada sector. Al haber aproximadamente 10 clientes a atender por vehículo, y ser la red viaria una cuadrícula, la construcción de rutas es sencilla. No se gana gran cosa utilizando algún programa que resuelva el TSP en el espacio euclídeo para luego afinar en la red viaria real.

Una solución razonablemente buena, con longitud total de 64 km y bastante equilibrio en la longitud de las tres rutas, es la que se muestra a continuación (aunque hay otras soluciones con 63 o 62 km.):

- Ruta zona superior: 20 km
- Ruta zona media: 24 km
- Ruta zona inferior: 20 km

Apartado 3

Factor de ruta K = ($\sum$ distancias en la red)/($\sum$ distancias en línea recta)= 58 / 46,678 = 1,2425

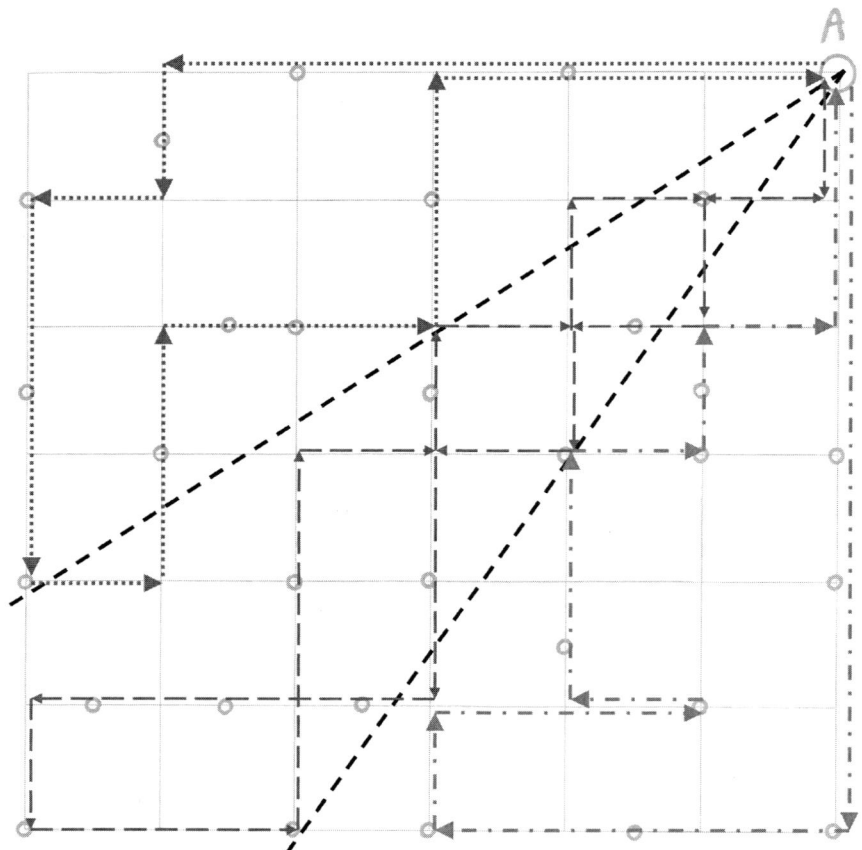

Bibliografía complementaria

BAZARAA, M.S., JARVIS, J.J. *Linear Programming and Network Flows*. Ed. John Wiley and Sons. New York, 1977.

BELL, M., IIDA, Y. *Transportation Network Analysis*. Ed. John Wiley and Sons. New York, 1997.

FRONTLINE SYSTEMS INC. *Frontline Solvers User Guide Version 11.5*. Incline Village, Nevada – USA, 2011.

FYLSTRA, D., LASDON, L., WATSON, J., WAREN, A. *Design and use of the Microsoft Excel Solver*. Rev. Interfaces, Vol. 28, n.º 5, pp. 29-55.

MAROTO, C., ALCARAZ, J., RUIZ, R. *Investigación operativa. Modelos y técnicas de optimización*. Editorial Universitat Politècnica de València, 2002

ORTUZAR, J., WILLUMSEN, L. *Modelling Transport*. Ed. John Wiley and Sons. New York, 1990.

ROBUSTE, F. *Logística y Transportes*. Universitat Politècnica de Catalunya, 2005

TORMOS, P., LOVA, A. *Investigación operativa para ingenieros*. Editorial Universitat Politècnica de València, 2003

TORRES, A.J. «*TÉCNICAS DE OPTIMIZACIÓN EN LA LOGÍSTICA DEL TRANSPORTE – EJERCICIOS*». Universitat Politècnica de València, 2007

TORRES, A.J. «*COLECCIÓN DE PROBLEMAS RESUELTOS DE LOGISTICA DEL TRANSPORTE*». Universitat Politècnica de València, 2009

VALLADA, E., GINER, V. *Problemas de investigación operativa para ingenieros*. Editorial Universitat Politènica de València, 2004